普通高等教育"十二五"规划教材

化工制图与 AutoCAD 绘图实例

张瑞琳 冯 杰 主编

中国石化出版社

·北京·

内 容 提 要

本书是普通高等教育"十二五"规划教材,在总结和吸取多年教学改革经验的基础上,采用最新的国家标准和行业标准编写而成。全书共九章,主要内容有:国家标准关于制图的基本规定、工艺流程图、设备布置图、管道布置图、化工设备常用表达方法与连接方法、化工设备零部件图、化工设备装配图、AutoCAD 绘图基础和 AutoCAD 绘图实例。

本书以正确阅读和绘制常用化工图样为培养目标,实现机械制图、化工制图和 AutoCAD 绘图知识的有机融合与贯通,从工程实际出发,注重图样的系统性和相关性,突出工程特点,实用性强。

本书可作为高等院校化工及相关专业的教材,也可作为企业职工培训教材,还可作为相关科研、设计和生产单位工程技术人员的参考书。

图书在版编目(CIP)数据

化工制图与 AutoCAD 绘图实例 / 张瑞琳,冯杰主编.
—北京:中国石化出版社,2013.8(2024.2 重印)
普通高等教育"十二五"规划教材
ISBN 978-7-5114-2258-3

Ⅰ.①化… Ⅱ.①张… ②冯… Ⅲ.①化工机械-机械制图-AutoCAD 软件-高等学校-教材 Ⅳ.①TQ050.2-39

中国版本图书馆 CIP 数据核字(2013)第 157224 号

中国石化出版社出版发行

地址:北京市东城区安定门外大街 58 号
邮编:100011 电话:(010)57512500
发行部电话:(010)57512575
http://www.sinopec-press.com
E-mail:press@ sinopec.com
北京科信印刷有限公司印刷
全国各地新华书店经销

*

787×1092 毫米 16 开本 11.5 印张 276 千字
2024 年 2 月第 1 版第 9 次印刷
定价:25.00 元

前　言

化工图样是化学、化工技术领域工程技术上用于表达设计思想和进行技术交流的主要手段，随着计算机科学技术的迅猛发展和工程实际的需求，计算机绘图技术已经被广泛应用于石油、化工等领域，因此，化工制图与计算机绘图成为高等院校化工及相关专业必开的一门专业基础课。

本书在内容的安排上，注重机械制图、化工制图以及计算机绘图知识的有机融合和贯通。机械制图部分以化工图样的应用为目的，以够用为度，重点介绍了与化工制图知识结合紧密的机械制图国家标准、机件常用表达方法以及常用连接方法；化工制图部分结合化工行业的特点，在内容的组织上紧密结合工程实际，围绕典型化工过程及配套的相关图纸，系统地介绍了其工艺流程图、设备布置图、管道布置图、设备零部件图及化工设备装配图；AutoCAD 绘图部分从实际应用能力的培养出发，围绕化工图样实例，就如何设置绘图环境、绘制符合国标和化工行业标准要求的化工图样的方法和技巧进行了重点介绍，突出实用性。书中大量引用最新的国家标准、部颁标准以及行业标准进行编写，突出工程特点，具有较强的实用性和相关性。

全书共分九章，内容包括：国家标准关于制图的基本规定、工艺流程图、设备布置图、管道布置图、化工设备常用表达方法与连接方法、化工设备零部件图、化工设备装配图、AutoCAD 绘图基础和 AutoCAD 绘图实例。同时，结合讲授内容精编了大量习题。

本书由沈阳工业大学张瑞琳、冯杰主编，参加编写的有：张瑞琳(第三章、第四章、第六章、第七章)，冯杰(第二章、第五章和第九章)，张国宏(第八章)，魏晓波(第一章和附录)，刘翀(习题)。全书由张瑞琳统稿，中国石油辽阳石化分公司赵来国高级工程师主审。

本书可作为高等院校化工及相关专业的教材，也可作为企业职工培训教材，还可作为相关科研、设计和生产单位工程技术人员的参考书。

由于编者水平有限，书中难免有不妥之处，敬请读者批评指正。

目　录

第一章 国家标准关于制图的基本规定

第一节 制图基本规定

一、图纸幅面

1. 基本图幅及图框

国家标准关于基本图幅及图框尺寸的规定见 GB/T 14689—2008《技术制图 图纸幅面和格式》，绘制图形时采用表 1-1 所示的基本幅面和图框尺寸。

必要时允许加长幅面，由基本幅面的短边成整数倍增加后得出的加长图幅，其尺寸如图 1-1 所示。

表 1-1 图纸基本幅面及图框尺寸   mm

幅面代号	A0	A1	A2	A3	A4
$B×L$	841×1189	594×841	420×594	297×420	210×297
e	20			10	
c	10			5	
a	25				

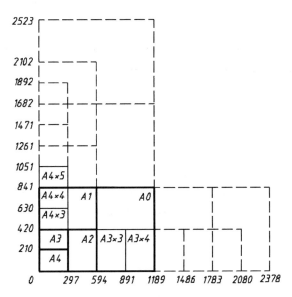

图 1-1 图纸加长幅面尺寸(单位：mm)

在图纸上必须用粗实线绘制图框，其格式分为留装订边和不留装订边两种，分别如图 1-2 所示和图 1-3 所示。

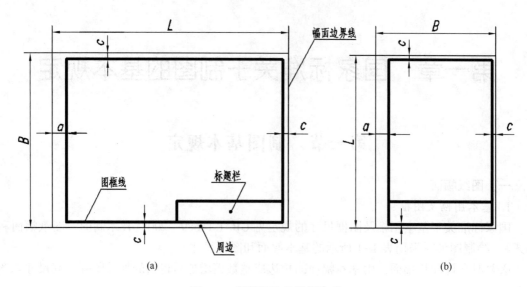

图 1-2　留装订边的图框格式

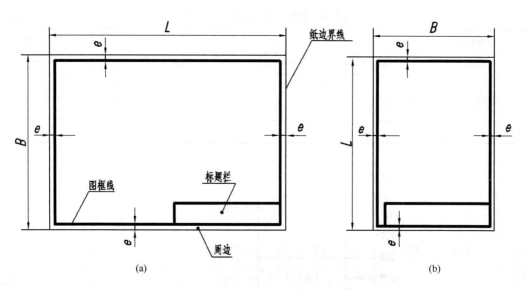

图 1-3　不留装订边的图框格式

零部件图一般采用 A1 图纸幅面，可在一张 A1 图幅上分成若干个小幅面，如图 1-4(a)所示，以图框线为准，用细实线划分为接近标准幅面尺寸的图样幅面，也可以按照图 1-4(b)所示，其中每个幅面的尺寸均符合 GB/T 14689—2008《技术制图　图纸幅面和格式》的规定。当零部件图不够组成一张 A1 幅面时，可以采用 A2、A3、A4 幅面，注意 A3 幅面不允许单独竖放，A4 幅面不允许单独横放。

2. 标题栏与明细栏

标题栏的位置应按图 1-2 所示的方式配置，标题栏的方向与看图的方向一致，GB/T 10609.1—2008《技术制图　标题栏》对标题栏和明细栏的内容、格式与尺寸作了规定，如图 1-5 所示。其中标题栏的外框为粗实线，其余均为细实线，图中括号里的内容需根据具体情况进行填写。

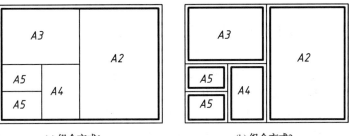

(a) 组合方式1　　　　(b) 组合方式2

图 1-4　零部件 A1 图幅组合方式

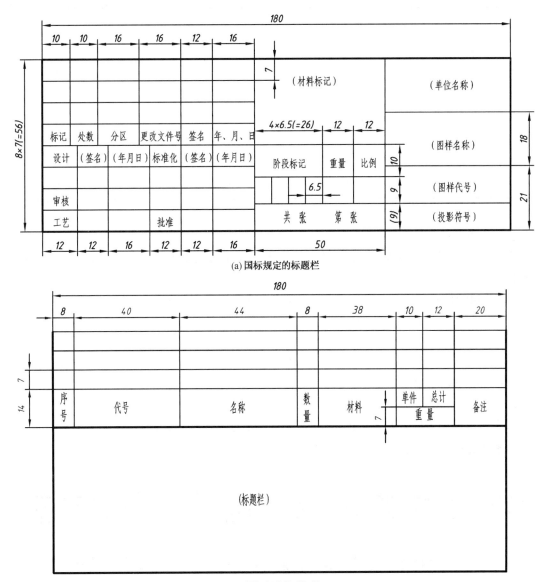

(a) 国标规定的标题栏

(b) 国标规定的明细栏

图 1-5　国标规定的标题栏与明细栏

二、比例

GB/T 14690—1993《技术制图　比例》规定：比例是指图中图形与其实物相应要素的线性尺寸之比。

绘制图样时，优先采用 1：1 的比例，以便从图中直接得出物体的真实大小，对较大或较小的物体可采用缩小或放大的比例画出，一般应采用表 1-2 规定的比例。

无论是采用放大比例还是缩小比例绘制图样，图上所注尺寸都是机件实际尺寸。

比例一般标注在标题栏的比例一栏内，必要时可标注在视图名称的下方。

表 1-2　绘图比例

种　类	比　例		
原值比例	1：1		
放大比例	5：1	2：1	
	$5 \times 10^n：1$	$2 \times 10^n：1$	$1 \times 10^n：1$
缩小比例	1：2	1：5	1：10
	$1：2 \times 10^n$	$1：5 \times 10^n$	$1：1 \times 10^n$

注：n 为正整数。

三、字体

在图样上除了表示机件形状的图形外，还要用文字和数字来说明机件的大小、技术要求和其他内容。

GB/T 14691—1993《技术制图　字体》规定，在图样中书写的字体必须做到：字体工整、笔划清楚、间隔均匀、排列整齐。

1. 字体的高度

字体的号数，即字体高度 h，其公称尺寸系列为：1.8mm、2.5mm、3.5mm、5mm、7mm、10mm、14mm 和 20mm。

2. 汉字

汉字应写长仿宋体，并采用国家正式公布推行的简化汉字，高度不应小于 3.5mm，其宽度一般为高度的 $h/\sqrt{2}$，汉字字例如图 1-6 所示。

字体工整 笔画清楚 间隔均匀 排列整齐

技术制图机械电子汽车航空船舶土木建筑矿山井坑港口纺织服装

图 1-6　汉字示例

3. 字母和数字

数字及字母可写成斜体或直体，常用斜体，斜体字字头向右倾斜，与水平线成75°，用作指数、分数、极限偏差、注脚等的数字及字母，一般应采用小一号的字体，数字及字母示例如图1-7所示。

$$0 1 2 3 4 5 6 7 8 9$$

(a) 阿拉伯数字

$$I \quad II \quad III \quad IV \quad V \quad VI \quad VII \quad VIII \quad IX \quad X$$

(b) 罗马数字

$$ABCDEFGHIJKLMNOP$$

(c) 大写拉丁字母

$$abcdefghijklmnopq$$

(d) 小写拉丁字母

图1-7　数字及字母示例

4. 化工制图中常用字体尺寸

化工制图的图纸及表格中的字体应符合国家标准的规定，其常用字体的尺寸见表1-3。

表1-3　常用字体尺寸　　　　　　　　　mm

项　　目		字体尺寸	项　　目	字体尺寸
文字		3.5	视图代号(大写字母)	5
数字	件号数字	5	焊缝代号、符号、数字	3
	其他数字	3	管口符号	5
放大图序号		5	设计书文字及数字	3.5
焊缝放大图序号	在装配图中	5	图纸目录文字及数字	3.5
	在零部件图中	3	说明书的文字及数字	3.5
放大图标题汉字		5	标题栏、签署栏和明细栏中的文字及数字	3

四、图线

GB/T 4457.4—2002规定图线分为粗、细两种。粗线的宽度d应按图的大小和复杂程度在0.5~2mm之间选择，细线的宽度约为$0.5d$。图线宽度的推荐系列为：0.25mm、0.35mm、0.5mm、0.7mm、1mm、1.4mm和2.2mm。绘制图样时，应采用表1-4规定的图线。

化工制图中常用三种图线宽度，分别为：粗线0.5~0.7mm及0.9~1.2mm，细线0.15~0.3mm。化工制图中图线的应用如表1-5所示。

表 1-4　图线的型式、宽度和主要用途

代码	图线名称	图线型式	图线宽度	一般应用
01.1	细实线	——————————	约 $d/2$	尺寸线、尺寸界线、剖面线引出线等
01.1	波浪线	〜〜〜〜〜	约 $d/2$	断裂线、视图和剖视图分界线
01.1	双折线	——⌐∨⌐——⌐∨⌐——	约 $d/2$	断裂线
01.2	粗实线	▬▬▬▬▬▬	约 d	可见轮廓线
02.1	细虚线	≈4 ≈1 — — — —	约 $d/2$	不可见轮廓线
04.1	细点画线	≈20 ≈3 —·—·—·—	约 $d/2$	轴线、对称中心线
05.1	细双点画线	≈20 ≈5 —··—··—	约 $d/2$	假想投影轮廓线、中断线

表 1-5　化工制图中常用图线宽度

类别		图线宽度/mm			备注
		0.9~1.2	0.5~0.7	0.15~0.3	
管道布置图	单线	管道		法兰、阀门及其他	
	双线		管道		
设备布置图、管口方位图		设备轮廓	设备支架、设备基础	其他	动设备如只绘出设备基础，图线宽度 0.9mm
管道轴测图		管道	法兰、阀门、承插焊、螺纹连接的管件的表示线	其他	
设备支架图管道支架图			设备支架及管架	其他	
管件图			管件	其他	
工艺管道及仪表流程图		主物料管道	其他物料管道	其他	
辅助管道及仪表流程图公用系统管道及仪表图		辅助管道总管公用系统管道总管	支管	其他	

五、尺寸标注

图形只能表达机件的形状，而机件的大小则由标注的尺寸确定。国标 GB/T 4457.4—2002 中规定了尺寸注法的基本内容。

1. 基本规则

（1）机件的真实大小应以图样上所注的尺寸数值为依据，与绘图的准确度无关。

（2）图样中的尺寸，以毫米（mm）为单位时，不需标注计量单位的代号或名称。如采用其他单位，则必须注明相应的计量单位的代号或名称。

（3）图样上标注的尺寸，为该图样所示机件的最后完工尺寸，否则应另加说明。

（4）机件的每一个尺寸，一般只标注一次，并标注在反映该结构最清晰的图形上。

2. 尺寸组成

一个完整的尺寸包括尺寸数字、尺寸线、尺寸界线和表示尺寸线终端的箭头或斜线，如图1-8所示。

（1）尺寸数字　线性尺寸的数字一段应注写在尺寸线的上方，也允许注写在尺寸线的中断处。线性尺寸数字的方向：水平尺寸数字头朝上，垂直尺寸数字头朝左，倾斜尺寸的数字应保持数字头朝上的趋势。

（2）尺寸线　尺寸线用细实线绘制，不能用其他图线代替，一般也不得与其他图线重合或画在其延长线上。标注线性尺寸时，尺寸线必须与所标注的线段平行，有几条互相平行的尺寸线时，大尺寸要注在小尺寸外面。

（3）尺寸终端　尺寸线的终端有两种形式，如图1-9所示，箭头适用于各种类型的图样。圆的直径、圆弧半径及角度的尺寸线的终端应画成箭头。

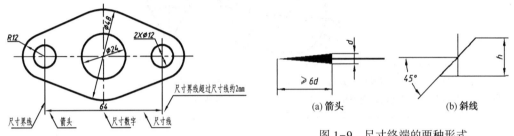

图1-8　尺寸的组成及标注示例

图1-9　尺寸终端的两种形式
d—粗实线宽度；h—字体高度

（4）尺寸界线　尺寸界线用细实线绘制，应由图形的轮廓线、轴线或对称中心线处引出。也可利用轮廓线、轴线或对称中心线作尺寸界线。尺寸界线一般应与尺寸线垂直，并超出尺寸线的终端2mm左右。

第二节　尺寸标注示例

一、尺寸的作用与分类

平面图形的尺寸按照其作用分为两类：定形尺寸和定位尺寸。

（1）定形尺寸　用来确定组成平面图形各部分形状大小的尺寸，如图1-8中的 $\phi24$、$\phi48$ 和 $R12$ 等尺寸。

（2）定位尺寸　用来确定组成平面图形的各部分之间相互位置的尺寸，如图1-8中的尺寸64。

二、常见尺寸标注示例

几种常见的尺寸符号见表1-6。常见尺寸注法示例见表1-7。

表1-6　常见的尺寸符号

名称	符号	名称	符号	名称	符号
直径	Φ	弧长	⌒	沉孔或锪平孔	⊔
半径	R	45°倒角	C	埋头孔	∨
球直径	SΦ	厚度	t	正方形	□
球半径	SR	深度	↓	均布	EQS

表 1-7　尺寸标注示例

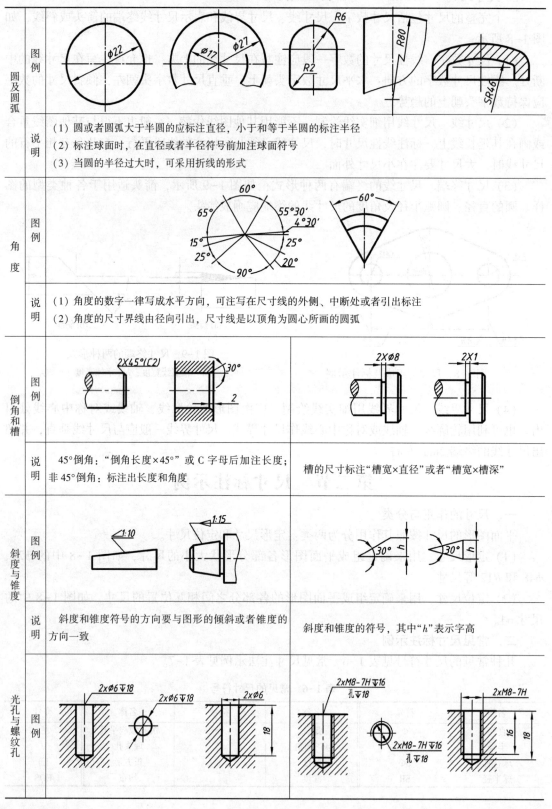

	图例	
圆及圆弧		
说明	（1）圆或者圆弧大于半圆的应标注直径，小于和等于半圆的标注半径 （2）标注球面时，在直径或者半径符号前加注球面符号 （3）当圆的半径过大时，可采用折线的形式	
角度	图例	
说明	（1）角度的数字一律写成水平方向，可注写在尺寸线的外侧、中断处或者引出标注 （2）角度的尺寸界线由径向引出，尺寸线是以顶角为圆心所画的圆弧	
倒角和槽	图例	
说明	45°倒角："倒角长度×45°"或 C 字母后加注长度；非 45°倒角：标注出长度和角度	槽的尺寸标注"槽宽×直径"或者"槽宽×槽深"
斜度与锥度	图例	
说明	斜度和锥度符号的方向要与图形的倾斜或者锥度的方向一致	斜度和锥度的符号，其中"h"表示字高
光孔与螺纹孔	图例	

续表

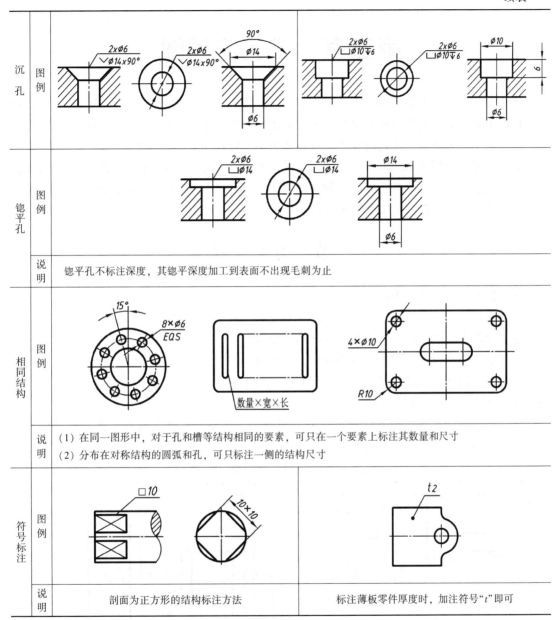

	图例	
沉孔		
锪平孔	图例	
	说明	锪平孔不标注深度，其锪平深度加工到表面不出现毛刺为止
相同结构	图例	
	说明	（1）在同一图形中，对于孔和槽等结构相同的要素，可只在一个要素上标注其数量和尺寸 （2）分布在对称结构的圆弧和孔，可只标注一侧的结构尺寸
符号标注	图例	
	说明	剖面为正方形的结构标注方法　　　　标注薄板零件厚度时，加注符号"t"即可

第二章 工艺流程图

化工生产的设计需要多方面人员大力合作，工艺人员先根据生产的产品进行化工工艺设计，拟出工艺方案，其他专业人员提出工艺要求，再根据他们提出的要求最后修正完成化工工艺图。化工工艺图包括工艺流程图、设备布置图、管路布置图三大类。

工艺流程图是用图示的方法，把化工工艺流程和所需的全部设备、机器、管道、阀门、管件和仪表表示出来。根据所处的阶段不同，工艺流程图包括初步设计阶段的方案流程图、物料流程图以及施工阶段的工艺管道及仪表流程图。

第一节 方案流程图

一、方案流程图的作用与内容

方案流程图是用来表达车间或者工段生产流程的图样，它是初步设计阶段提供的图样，也是施工阶段带控制点的工艺流程图设计的主要依据。

方案流程图是以车间或者工段为单位，提出的一种示意性的工艺流程图，按照工艺流程的顺序将过程设备从左到右展开绘制在图面上，各设备之间按照工艺流程原理绘出主要物料管线并标注相应的符号和必要的说明。

图 2-1 所示为乙炔工段乙炔合成的方案流程图，描述了乙炔合成的工艺流程过程。电石和水在乙炔发生器反应，生成的乙炔气体从乙炔发生器出来进入正逆水封，然后一部分气体去乙炔气柜，另一部分进入气水分离器，将乙炔气体中的水分离出来，经水循环泵和分离

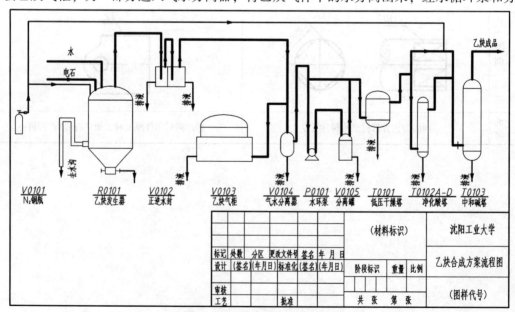

图 2-1　乙炔合成方案流程图

罐，送入低压干燥器，除去乙炔气体中的水分，再送入净化酸塔，分离出乙炔气体中的硫和磷杂质，然后送入中和碱塔，除去乙炔气体中的次氯酸，最后生成成品乙炔气体。

从图 2-1 中可知，方案流程图包括设备示意图和流程线、设备位号与名称、物料流向、物料名称以及标题栏等内容。

二、方案流程图的画法

1. 设备的画法

流程图中的设备按流程顺序，依次用细实线画出设备的大致轮廓即画出设备示意图，一般可不按比例，设备示意图应按照 HG 20519—2009《化工工艺设计施工图内容和深度统一规定》中的规定绘制，如表 2-1 所示，没有规定图例的则画出其实际外形结构特征图。

各设备可按照相对大小绘制，设备的相对位置可按照工艺流程的顺序依次绘制，可不按照高低位置绘制，设备之间应留出绘制流程线的距离，相同的设备可只画出一套。

2. 设备的标注

设备应标注设备位号和名称，标注形式如图 2-2 所示，例如 T0102A/净化酸塔 A，其中分子标注设备位号，分母标注设备名称，分子和分母之间用中粗线（线宽 0.5mm）隔开。

设备位号包括：设备类别代号、设备主项代号、设备序号和相同设备数量尾号四项组成。设备类别代号参见表 2-1；设备主项代号由工程总负责人给定，采用两位数，从 01 开始，最大为 99；设备序号按照同类设备在工艺流程中流向的先后顺序编制，采用两位数，从 01 开始，最大为 99；两台或者两台以上相同设备并联时，位号的前三项完全相同，则用不同的尾号予以区别，按照 A、B、C、D 的顺序进行编号，若无相同设备则不写。

图 2-2 设备的标注

例如：T0102A，其中 T 为设备类别代号表示的是塔设备，01 表示主项代号，02 表示塔设备的序号，A 表示相同塔设备的设备尾号为 A。

设备的位号和名称应标注在图纸的正上方或正下方正对设备排列成行注出，并在设备图形内或者近旁标注出设备位号，如图 2-1 所示。

3. 工艺流程线的画法与标注

用粗实线（线宽为 0.9mm 左右）绘出主要工艺的工艺流程线，用中粗实线（线宽为 0.5mm 左右）画出其他辅助物料的流程线，用箭头表明物料流向，在流程线的起始和终止位置注明物料的名称、来源或者去向。

方案流程图一般只绘制出主物料流程线，辅助物料流程线和公用物料流程线可以不必画出。流程线一般画成水平或垂直，尽量避免流程线过多地往复交叉，当流程线发生交叉时应断开。

方案流程图一般只保留在设计说明书中，施工时不使用，因此，方案流程图的图幅无统一规定，图框和标题栏也可以省略。

三、方案流程图的绘制

1. 选定图幅、绘制图框与标题栏

方案流程图可不按比例，图纸幅面常用 A1 或者 A1 加长绘制，流程比较简单时，可以用 A2、A3 幅面，或者 A2、A3 幅面加长。

2. 设备示意图的绘制与设备的标注

按流程顺序，用细实线绘制设备示意图，各设备可按照相对大小绘制，设备的相对位置可按照工艺流程的顺序依次绘制，设备之间留出绘制流程线的距离。然后，在相应位置标注设备位号和名称。

3. 工艺流程线的绘制与标注

在设备与设备之间用粗实线绘出主要工艺流程线，用箭头表明物料流向，在流程线的起始、终止位置注明物料的名称、来源及去向。

表 2-1   管道仪表流程图设备图形符号

设备类别及代号	图 例	设备类别及代号	图 例
塔（T）	填料塔　板式塔　喷洒塔	火炬、烟囱（S）	烟囱　火炬
塔内件	降液管　受液盘　泡罩塔塔盘 浮阀塔塔盘　格栅板　升气管 湍球塔　筛板塔塔板　分配器、喷淋器 丝网除沫层　填料除沫层	换热器（E）	换热器（简图）　固定管板式列管换热器　U型管式列管换热器 浮头式列管换热器　套筒式换热器　釜式换热器 板式换热器　螺旋式换热器　矩片管换热器 蛇管（盘管）式换热器　喷淋式冷却器　刮板式薄膜蒸发器 列管式（薄膜）蒸发器　带风扇的矩片管式换热器 抽风式空冷器　送风式空冷器
反应器（R）	固定床反应器　列管式反应器　液化床反应器　反应釜（带搅拌 夹套）		

续表

设备类别及代号	图　例	设备类别及代号	图　例
工业炉（F）	箱式炉　　圆筒炉　　圆筒炉	容器（V）	锥顶罐　（地下、半地下）池、槽、坑　浮顶罐
泵（P）	离心泵　　水环式真空泵　　旋转式齿轮泵 螺杆泵　　往复泵　　隔膜泵 液下泵　　喷射泵　　漩涡泵		圆顶锥底容器　蝶形封头容器　平顶容器 干式气柜　湿式气柜　球罐 卧式容器　　卧式容器 填料除沫分离器　丝网除沫分离器　旋风分离器
压缩机（C）	鼓风机　（卧式）旋转式压缩机　（立式）旋转式压缩机 离心式压缩机　　往复式压缩机 两段往复式压缩机（L）　四段往复式压缩机		干式电除尘器　　湿式电除尘器
设备内件附件	防涡流器　插入管式防涡流器　防冲板 加热或冷却部件　　搅拌器		固定床过滤器　　带滤筒的过滤器

第二节　物料流程图

物料流程图是在方案流程图的基础上，以图形和表格相结合的形式反映设计计算某些结果的图样，是在初步设计阶段完成物料衡算和热量衡算时绘制的。

图 2-3 为乙炔合成的物料流程图，从图中可以看出乙炔合成的物料流程图只是在其方案流程图的基础上增加了一些数据，例如：

（1）在设备的标注中增加了特性数据或参数，如塔的直径和高度、换热器的换热面积等。

（2）在工艺过程中增加了一些特性数据或参数，如压力、温度等。

（3）增加了一些细实线的表格，用来表示物料变化前后组分的改变。

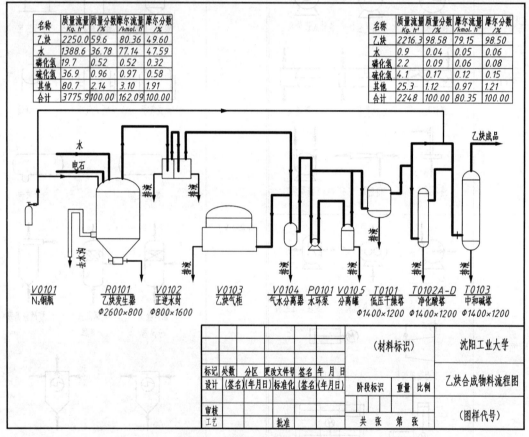

名称	质量流量 Kg. h⁻¹	质量分数 /%	摩尔流量 /kmol. h⁻¹	摩尔分数 /%
乙炔	2250.0	59.6	80.36	49.60
水	1388.6	36.78	77.14	47.59
磷化氢	19.7	0.52	0.52	0.32
硫化氢	36.9	0.96	0.97	0.58
其他	80.7	2.14	3.10	1.91
合计	3775.9	100.00	162.09	100.00

名称	质量流量 Kg. h⁻¹	质量分数 /%	摩尔流量 /kmol. h⁻¹	摩尔分数 /%
乙炔	2216.3	98.58	79.15	98.50
水	0.9	0.04	0.05	0.06
磷化氢	2.2	0.09	0.06	0.08
硫化氢	4.1	0.17	0.12	0.15
其他	25.3	1.12	0.97	1.21
合计	2248	100.00	80.35	100.00

图 2-3　乙炔合成物料流程图

第三节　管道及仪表流程图

管道及仪表流程图（PID）又称带控制点的工艺流程图，它是施工阶段所应提供的图纸。管道及仪表流程图是内容比较详细的一种流程图，图中画出了所有的生产设备、管道、阀门、管件及仪表，它是设备布置图和管路布置图的设计依据，常由工艺人员和自控人员合作绘制。

图 2-4 为乙炔工段乙炔合成的管道及仪表流程图，其主要内容有：

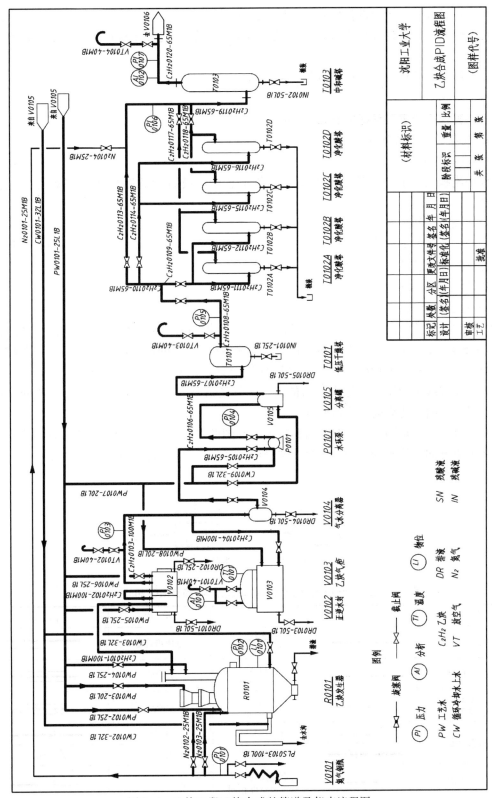

图 2-4　乙炔工段乙炔合成的管道及仪表流程图

（1）设备的示意图及设备位号与名称的标注。

（2）带阀门、管件和仪表控制点的管道流程线，管道代号注写及阀门、仪表控制点的标注。

（3）阀门等管件和仪表控制点的图例说明。

（4）标题栏。

一、管道及仪表流程图的画法与标注

1. 设备的画法与标注

1）设备的画法

根据流程从左至右，用细实线画出设备示意图，设备示意图形按规定符号绘制，见表 2-1。

2）设备的标注

一般在设备的上方或下方相应对齐标注与方案流程图一致的位号与名称，也可在设备内或近旁仅注出设备的位号。

2. 管道的画法与标注

1）管道的画法

带控制点的流程图应画出所有管线，不同作用的管道用不同型式的图线表示，按照 HG 20519—2009《化工工艺设计施工图内容和深度统一规定》中的规定（见表 2-2），主要物料管道用粗实线（线宽约为 0.9mm）绘制，辅助管道用中粗实线（线宽约为 0.5mm）绘制等。

管道流程线上应用箭头标出物料的流向。管道应尽量水平或垂直画出，转弯处画成直角，管道交叉时应将后面的管道断开。

图中管道与其他图纸有关时，将其端点绘在图的左方或右方，以空心箭头标出物料的流入或者流出方向，箭头内填相应图号或图号的序号，其上标注管道编号或来去设备位号，空心箭头的画法如图 2-5 所示。

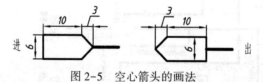

图 2-5　空心箭头的画法

表 2-2　工艺管道及仪表流程图的管道图例（摘自 HG 20519—2009）

名　称	图　例		名　称	图　例
主要物料管道	——————	粗实线 0.9～1.2mm	电伴热管道	—·—·—·—
其他物料管道	——————	中粗线 0.5～0.7mm	夹套管	▭▭▭
引线、设备、管件、阀门、仪表等图例	——————	细实线 0.15～0.3mm	管道隔热层	▨▨▨
仪表管道	– – – – – –	电动信号线	翅片管	┼┼┼┼┼
	—//—//—	气动信号线	柔性管	∧∧∧∧∧
原有管道	— – — – — –	管道宽度与相接新管道宽度相同	同心异径管	▷
伴热（冷）管道	━━━━		喷淋管	━━

2）管道的标注

流程图中的每根管道必须标注管道代号，管道代号的内容包括物料代号、主项代号、管段分段顺序号、管径、壁厚和管道等级和隔热代号，水平管道的管道代号应标注在管道的上方，垂直管道应标注在管道的左方。

管道标注的具体内容如图 2-6 所示。

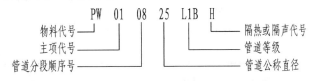

图 2-6　管道标注的内容

物料代号一般由 1~3 位英文字母组成，按物料的名称和状态取其英文名词的字头，常用物料名称及代号见表 2-3；主项代号为 2 位数，按照工程规定的编号填写，从 01、02 到 99 止；管道分段顺序号为 2 位数，按照相同类别物料在同一主项内的流向先后顺序编号，从 01、02 到 99 止。

管径：一般标注公称直径，以毫米为单位，只标注数字，不注写单位，无缝钢管标注外径×壁厚。

管道等级：包括压力等级、顺序号和管道材质类别。压力等级和材质类别分别见表 2-4 和表 2-5；顺序号用阿拉伯数字表示，由 1 开始编号，例如 L1B 表示该管道公称压力等级为 1.0MPa、管道顺序号为 1、材质为碳钢。请读者自行解释管道等级代号 A1A 的含义。

隔热或隔声代号：对于有隔热或者隔声措施的管道，要注出隔热或者隔声的代号，隔热及隔声代号见表 2-6。

表 2-3　物料名称及代号（摘自 HG/T 20519.36—1992）

代号	物料名称	代号	物料名称	代号	物料名称	代号	物料名称
AG	气氨	FL	液体燃料	LS	低压蒸汽	PW	工艺水
AL	液氨	FG	燃料气	LUS	低压过热蒸汽	SC	蒸汽冷凝水
AR	空气	FRG	氟利昂气体	MS	中压蒸汽	SG	合成气
AW	氨水	FRL	氟利昂液体	MUS	中压过热蒸汽	SL	泥浆
BW	锅炉给水	FS	固体燃料	N	氮	SW	软水
CA	压缩空气	FSL	熔盐	NG	天然气	TG	尾气
CG	转化气	FV	火炬排放气	PA	工艺空气	TS	伴热蒸汽
CSW	化学污水	FW	消防水	PG	工艺气体	RW	原水、新鲜水
CWR	循环冷却水回水	H	氢	PGL	气液两相流工艺物料	RWR	冷冻盐水回水
CWS	循环冷却水上水	HS	高压蒸汽	PGS	气固两相流工艺物料	RWS	冷冻盐水上水
DNW	脱盐水	HUS	高压过热蒸汽	PL	工艺液体	VE	真空排放气
DR	排液、导淋	HWR	热水回水	PLS	液固两相流工艺物料	VT	放空
DW	饮用水生活用水	HWS	热水上水	PRG	气体丙烷或丙烯	WW	生产废水
ERG	气体乙烯或已烷	IA	仪表空气	PRL	液体丙烷或丙烯		
ERL	液体乙烯或已烷	IG	惰性气	PS	工艺固体		

表 2-4　管道压力等级（摘自 HG/T 20519—2009）

压力等级（用于 ANSI 标准）				压力等级（用于国内标准）					
代号	公称压力/lb	代号	公称压力/lb	代号	公称压力/MPa	代号	公称压力/MPa	代号	公称压力/MPa
A	150	E	900	L	1.0	Q	6.4	U	22.0
B	300	F	1500	M	1.6	R	10.0	V	25.0
C	400	G	2500	N	2.5	S	16.0	W	32.0
D	600			P	4.0	T	20.0		

表 2-5　管道材质类别（摘自 HG/T 20519—2009）

代号	管道材料	代号	管道材料	代号	管道材料	代号	管道材料
A	铸铁	C	普通低合金钢	E	不锈钢	G	非金属
B	非合金钢（碳钢）	D	合金钢	F	有色金属	H	衬里及内防腐

表 2-6　隔热及隔声代号（摘自 HG/T 20519.30—1992）

代　　号	功　能　类　别	备　　注
H	保温	采用保温材料
C	保冷	采用保冷材料
P	人体防护	采用保温材料
D	防结露	采用保冷材料
E	电伴热	采用电热带和保温材料
S	蒸汽伴热	采用蒸汽伴管和保温材料
W	热水伴热	采用热水伴管和保温材料
O	热油伴热	采用热油伴管和保温材料
J	夹套伴热	采用夹管套和保温材料
N	隔声	采用隔声材料

3. 阀门等管件的画法与标注

管道上的附件有阀门、管接头、弯头和三通等，均用细实线画出，常见阀门与管件的图形符号见表 2-7 和表 2-8，阀门图例尺寸一般按照长 8mm、宽 4mm 或者长 6mm、宽 3mm 绘制。

管道上的阀门、管件要按照需要进行标注。当它们的公称直径同所在管道的通径不同时，要注出它们的尺寸。当阀门两端的管道等级不同时，应标注管道等级的分界线，阀门的等级应满足高等级管道的要求。

表 2-7　常用阀门的图形符号（摘自 HG 20519—2009）

名　　称	符　号	名　　称	符　号
截止阀		升降式止回阀	
闸阀		旋起式止回阀	
节流阀		蝶阀	
球阀		减压阀	
旋塞阀		疏水阀	

续表

名　称	符　号	名　称	符　号
隔膜阀		底阀	
直流截止阀		呼吸阀	
角式截止阀		四通截止阀	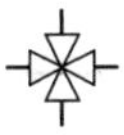
角式节流阀		四通球阀	
角式球阀		四通旋塞阀	
三通截止阀	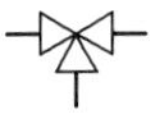	角式弹簧安全阀	
三通球阀		角式重锤安全阀	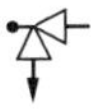
三通旋塞阀			

表 2-8　常用管件符号（摘自 HG 20519—2009）

名　称	图　例	名　称	图　例
螺纹管帽		阀端丝堵	
法兰连接	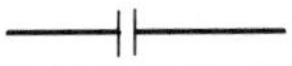	管端丝堵	
螺纹连接	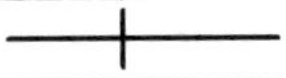	同心异径管	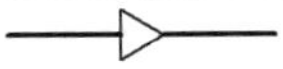
焊接		偏心异径管	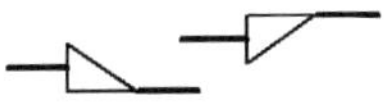
软管接头			
管端盲板		鹤管	
管段法兰（盖）			
阀端法兰（盖）		放空管（帽）	
管帽			

4. 仪表、控制点的画法与标注

1）仪表图形符号

在带控制点的工艺流程图中以细实线在相应的管道上用符号画出与工艺有关的仪表控制点图形符号，仪表的图形符号参见 HG/T 20505—2000《化工自控设计规定》的规定绘制，其基本符号是一个细实线圆，直径约为 10mm，圆外用细实线指向工艺管线或者设备轮廓线上的检测点，参见图 2-7。

表示仪表安装位置的图形符号见表 2-9。

图 2-7 仪表的图形符号

表 2-9 仪表安装位置的图形符号

安装位置	图形符号	说　明	安装位置	图形符号	说　明
就地安装仪表	○	嵌在管道内	就地仪表盘面安装仪表	⊖	
	—○—		集中仪表盘面后安装仪表	⊖	
集中仪表盘面安装仪表	⊖		就地仪表盘面后安装仪表	⊖	

2）仪表位号

在检测系统中，构成一个回路的每个仪表（或者元件）都有自己的仪表位号。仪表位号由字母代号和阿拉伯数字编号组成。其中，第一个字母表示被测变量，后继字母表示功能代号，常见被测变量及仪表功能代号见表 2-10。数字编号表示工段号和仪表回路顺序号，一般用三位或者四位数表示。

例如 PRC031，其中 P 表示被测变量为压力，RC 表示功能代号，意义为记录与控制，03 表示工段号，1 表示回路顺序号。

表 2-10 被测变量及仪表功能代号

字母	第一位字母 被测变量或初始变量	后继字母 功能	字母	第一位字母 被测变量或初始变量	后继字母 功能
A	分析	报警	N	供选用	供选用
B	喷嘴火焰	供选用	O	供选用	节流孔
C	电导率	控制	P	压力或真空	试验点（接头）
D	密度		Q	数量或件数	积分、积算
E	电压（电动势）	检出元件	R	放射性	记录或打印
F	流量		S	速度和频率	开关或联锁
G	尺度（尺寸）	玻璃	T	温度	传送
H	手动（人工发）		U	多变量	多功能
I	电流	指示	V	黏度	阀、挡板、百叶窗
J	功率		W	重量或力	套管
K	时间或时间程序	自动手动操作器	X	未分类	未分类
L	物位	指示灯	Y	供选用	继电器或计算器
M	水分或湿度		Z	位置	驱动、执行或未分类执行器

仪表位号的注写方法是把字母代号填写在表示仪表图形符号的圆圈的上半圆内，数字编号填写在下半圆内，仪表位号的标注方式如图 2-8 所示。

二、管道及仪表流程图的阅读

阅读管道及仪表流程图的目的是为了解和掌握物料的工艺流程，设备的数量、名称和位

集中仪表盘面安装的　　　　集中仪表盘面安装的　　　就地安装的压力指示表
温度指示控制仪表　　　　　压力记录控制仪表

图 2-8　仪表位号的标注示例

号，管道的编号和规格，阀门及仪表控制点的部位和名称等，以便在管道安装和工艺操作中做到心中有数。现以图 2-4 为例，介绍管道及仪表流程图的阅读方法和步骤。

（1）阅读标题栏　了解管道及仪表流程图所描述的流程的名称。

（2）了解设备的数量名称和位号　从图形下方的设备标注中可知乙炔气体生产工艺设备有 13 台，即 1 个氮气钢瓶（V0101）、1 台乙炔发生器（R0101）、1 台正逆水封（V0102）、1 台乙炔气柜（V0103）、1 台气水分离器（V0104）、1 台水循环泵（P0101）、1 台分离罐（V0105）、1 台低压干燥器（T0101）、4 台相同型号的净化酸塔（T0102A、T0102B、T0102C、T0102D）和 1 台中和碱塔（T0103）。

（3）分析主要物料的工艺流程　电石和水在乙炔发生器反应，乙炔气体易燃易爆，在反应器的上方用氮气封住，使乙炔气体不与空气接触，气体从乙炔发生器出来进入正逆水封，然后一部分气体去乙炔气柜以维持气体的压力平衡，另一部分进入气水分离器将乙炔气体中的水分离出来，经水循环泵和分离罐，送入低压干燥器，进一步除去乙炔气体中的水分，再送入净化酸塔 A、塔 B、塔 C、塔 D，分离出乙炔气体中的硫和磷杂质，然后送入中和碱塔，除去乙炔气体中的次氯酸，最后生成成品乙炔气体。

（4）了解阀门、仪表控制点的情况　从图 2-4 中可看出，图中有压力表 7 个，温度表 1 个，分析记录表 2 个，物位表 1 个。阀门有多个旋塞阀和截止阀。

三、管道及仪表流程图的绘制

1. 管道及仪表流程图主要内容

管道及仪表流程图的主要内容包括：

（1）设备的示意图及设备位号与名称的标注。

（2）带阀门等管件和仪表控制点的管道流程线，以及管道代号注写与阀门仪表控制点的标注。

（3）阀门等管件和仪表控制点的图例说明。

（4）标题栏。

2. 绘制方法与步骤

管道及仪表流程图的绘制方法与步骤如下：

（1）选定图幅，绘制图框及标题栏。

（2）绘制设备，标注设备位号。

（3）绘制管道，标注管道代号。

（4）绘制阀门并标注。

（5）绘制仪表、控制点并标注。

（6）绘制阀门等管件和仪表控制点的图例说明。

（7）填写标题栏。

第三章　设备布置图

工艺流程设计中所确定的全部设备，须按生产要求和具体情况，在厂房建筑内外合理布置安装固定，以保证生产顺利进行。在设备布置设计中，一般应提供设备布置图、分区索引图、设备安装样图和管口方位图等，本章重点介绍设备布置图。

由于设备布置图主要表达的内容是建（构）筑物与设备，因此首先介绍有关房屋建筑图的基础知识，并在此基础上讲述设备布置图的相关知识。

第一节　房屋建筑图

房屋建筑图是设备布置图的重要内容，房屋建筑图与机械图一样，都是采用正投影原理绘制的。建筑制图的绘制应遵照 GB/T 50001—2001《房屋建筑制图统一标准》的规定。

一、图纸幅面与比例

工程建筑制图的图纸幅面、标题栏的格式应符合机械制图的有关规定。工程建筑图常用比例见表 3-1。

表 3-1　工程建筑图常用比例

常用比例	1:1、1:2、1:5、1:10、1:20、1:50、1:100、1:150、1:200、1:500、1:1000、1:2000、1:5000、1:10000、1:20000、1:50000、1:100000、1:200000
可用比例	1:3、1:4、1:6、1:15、1:25、1:30、1:40、1:60、1:80、1:250、1:300、1:400、1:600

二、房屋建筑图的表达形式

1. 视图表达

建筑图按正投影原理绘制，表达建筑内部和外部结构形状，按照建筑制图国家标准的规定，视图包括平面图、立面图、剖面图和详图等。

例如图 3-1 为某厂房建筑图（按照 1:200 比例绘制），由右下角的"透视图"、"①、③立面图"、"一层平面图"、"二层平面图"、"A-A 剖面图"和"B-B 剖面图"组成。

平面图是假想去掉房顶或者楼板，用水平剖切平面将建筑物剖切后向水平投影面投影所得的剖视图。平面图一般是通过建筑物的门、窗，自上向下投影绘制的各层水平剖面图，以表示各层平面的形状。

立面图是表示房屋的正面、侧面和后面的外形视图，主要表达厂房建筑的外部形状。

剖面图是用垂直的切平面将建筑物上下切开后所得的剖视图，表达房屋内部高度方向的结构形状，这种纵向剖视图一般也称为"×-×立面图"（×代表剖切符号上注写的字母）。

详图是局部放大图，用较大比例画出屋檐、墙身等细部结构的视图。

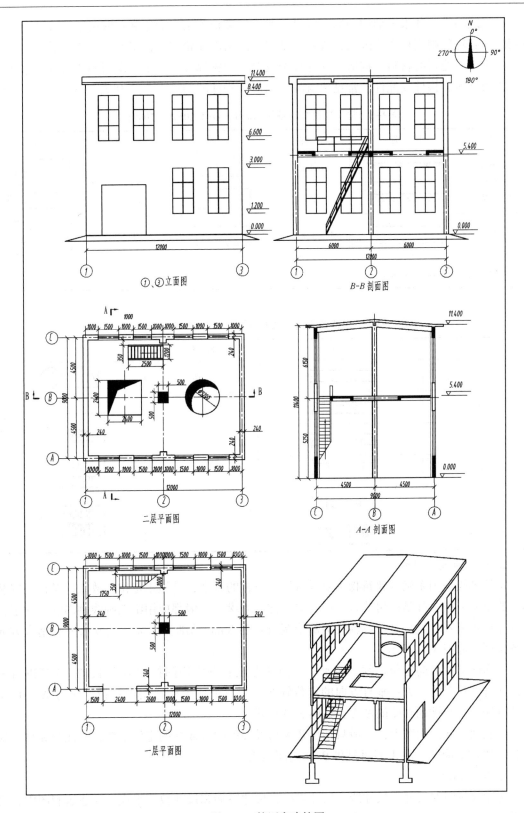

图 3-1　某厂房建筑图

在建筑图中，凡未被剖切的墙、墙垛、梁、柱和板等结构的轮廓一般用细实线画出，被剖切的剖面轮廓则用粗实线画出，或者用细实线画出剖面轮廓，再将剖面涂成淡黑色。

由于房屋建筑的材料、构造、配件种类较多，国家标准规定了一系列的图形符号来代表建筑物的材料、构件及配件，常见建筑材料图例及构件图例见表 3-2 和表 3-3。

表 3-2　常见建筑材料图例 (摘自 HG/T 20519—2009)

名　称	图　例	名　称	图　例	名　称	图　例
自然土壤		普通砖		毛石	
夯实土壤		混凝土		饰面砖	
沙、灰土		钢筋混凝土		木材	
粉刷					

表 3-3　常见建筑物构件图例 (摘自 HG/T 20519—2009)

名　称	图　例	名　称	图　例
墙体		坑槽	
窗			
空门洞		楼梯	底层
单扇门			中间层
双扇门			顶层
空洞			

2. 定位轴线及编号

定位轴线是用来确定建筑物主要承重构件位置的基准，是施工定位、放线以及设备安装定位的重要依据。凡是厂房建筑图中的墙、柱或墙垛，一般都应用细点画线画出它们的定位轴线并进行编号，编号是在各轴线端部绘制直径为 8mm 的细实线圆，且成水平和垂直方向整齐排列，如图 3-2 所示。

平面图上的纵向定位轴线，按水平方向从左至右顺次用阿拉伯数字 1、2、3 等进行编号，并排列在图的下方；垂直方向的定位轴线，则自下而上顺序用大写拉丁字母 A、B、C 等进行编号，并排列在图的左方，如图 3-2 所示。

在立面图和剖面图上，一般只画出建筑物最外侧的墙或柱的定位轴线，并注写编号，如图 3-1 中的立面图、A-A 剖面图和 B-B 剖面图所示。

3. 尺寸标注

房屋建筑图的尺寸由尺寸线、尺寸界线、尺寸终端和尺寸数字组成。在建筑制图中，尺寸终端的箭头可以用 45°斜短划符号表示尺寸的起止点，半径、直径以及角度的尺寸终端宜用箭头表示，单位一般为毫米(mm)，如图1-9所示。

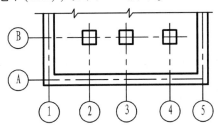

图3-2 定位轴线及编号

4. 标高

建筑物的各层楼、地面和其他构筑物相对于某一基准面的高度，称为标高。标高数值以米(m)为单位，一般标注至小数点后第三位，数值后不注单位。

基准面，例如建筑物的室外地平面，其标高为零，并标注为EL0.000，高于基准面的标高为正，标高数字前不加注正号，低于基准面的为负，负标高数字前应加注负号。

各层楼、地面的标高也可用来标注建筑物各层平面图的图名，如EL100.000平面图。

标高符号是细实线绘制的等腰直角三角形，其画法和注写形式如图3-3所示。

5. 北向标

北向标也称为安装方位标，一般用细实线绘制直径20mm的圆及水平和垂直两条轴线，分别注以0°、90°、180°和270°等字样，并在圆内绘制黑色三角形，三角形的头部表示北向，并注以"北"或"N"，如图3-4所示。

图3-3 标高符号及
标高的注写方法

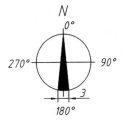

图3-4 北向标画法

第二节 设备布置图的视图与标注

在工艺流程设计中所确定的全部设备，必须在厂房建筑内外进行合理布置，表示一个车间(装置)或者设备的布置图是管道设计、设备基础设计、施工和设备安装的重要技术文件。

设备布置图实际上是在简化了的厂房建筑图上添加了设备布置的图样，用以指导设备的安装和布置，并作为厂房建筑和管道布置设计的重要依据。

一、设备布置图的内容

图3-5为乙炔工段设备布置图(局部)，其内容包括以下几方面。

1. 一组视图

表示厂房建筑的基本结构及设备在其内外的布置情况。

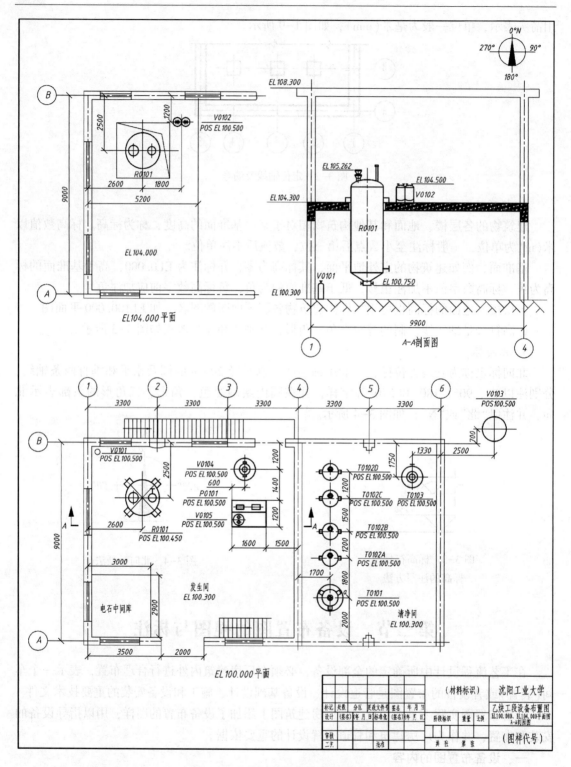

图 3-5 乙炔工段设备布置图(局部)

2. 尺寸及标注

标注与设备布置有关的定位尺寸和标高，注写建筑定位轴线编号、设备的位号及名称。

3. 北向标

表示安装方位基准的图标，一般放置在图纸的右上角。

4. 设备一览表

用表格的形式说明设备的位号、名称、规格、图号及其有关参数，应该单独制表并在设计文件中附出，在一般设备布置图中可不列出，如表 3-4 所示。

当装置的设备数量、种类及楼层较多，在图中直接查找设备不方便时，可在设备布置图中的右上角设置简单的设备一览表，以设备位号的字母顺序、数字顺序自上而下进行排列，参考格式见表 3-5。

表 3-4　设备一览表

序号	设备位号	设备名称	技术规格	图号或标准号	材料	数量	质量(kg)		备　注
							单	总	

表 3-5　在设备布置图中的设备一览表

设备位号	设备名称	支承点高度	设备位号	设备名称	支承点高度

5. 标题栏

在标题栏中填写图号、比例、设计者等。

二、设备布置图的图示方法

1. 分区

设备布置图是按工艺主项绘制的，当装置界区范围较大而其中需要布置的设备较多时，设备布置图可以分成若干个小区绘制。可利用装置总图制作分区索引图，分区索引图中注明各区的相对位置，分区范围线用粗双点划线表示。对于各自小区的设备布置图，应在右下方(标题栏上方)放置缩制的分区索引图，将所在区域用阴影线表示出来，具体格式可参见第四章第三节的相关内容。

2. 图幅和比例

图幅一般都采用 A1，需要时也可采用 A0 或者其他图幅。

常用比例为 1∶100、1∶200 或 1∶50，具体应根据设备的多少、大小等来确定。对大的装置(或主项)可分段绘制，但必须采用同一比例。

3. 视图的配置

设备布置图包括平面图和剖面图。

平面图是用来表示装置(厂房)内外设备布置情况的水平剖视图，同时表示装置(厂房)建筑的方位、占地、大小、分隔情况及与设备安装定位有关的建筑物(构筑物)的结构形状和相对位置。绘制设备布置平面图时，应按楼层分别绘制平面图，如在同一张图纸上绘制几层平面时，应从最低层平面开始，在图纸上由下至上或由左至右按顺序排列，并在图形的下方注明相应的标高，如图 3-5 所示的 EL 100.000 平面图和 EL 104.000 平面图的标注。

　　当平面图可以清楚地表示出设备、建筑物的位置、标高时，可不绘制剖面图，但是对于比较复杂的装置或者多层建筑物的装置，则应绘制设备布置图的剖面图。

　　剖面图是假想用一平面将建筑沿垂直方向剖开后投影获得的立面剖视图，以清楚反映出设备与厂房建筑物高度方向的位置关系，剖切位置在平面图上加以标注，标注方法按《机械制图》的规定，把相应的剖视名称标明在剖面图下方。剖面图可与平面图绘制在同一张图纸上，也可分别绘制。

三、设备、建筑物及其构件的表示方法

1. 建筑物及其构件的表示

　　用细点画线画承重墙、柱子等的建筑定位轴线，用细实线按比例采用规定的图例画出厂房建筑的空间大小、内部分隔以及与设备安装定位等有关的基本结构，如墙、杆、门和窗等。对于与设备安装定位关系不大的门窗构件等，一般只在平面图上画出它们的位置、门窗开启方向等，在剖面图上一般不予表示，露天设备一般只在底层平面图上表示。

2. 设备的表示

　　在设备布置图中，设备的外形及其安装基础用中粗线(线宽为 0.5~0.7mm)绘制。对于外形比较复杂的设备，如机、泵类，可以只画出设备基础和大体外形。对于同一位号的设备多于三台的情况，图中可以只画出首末两台的外形，中间的可以只画出基础或者用双点画线的方框表示。

　　非定形设备可适当简化画出其外形，包括附属的操作台、梯子和支架。卧式设备应画出其特征管口或标注固定端支座。一个设备穿越多层建、构筑物时，在每层平面上均应画出设备的平面位置，并标注设备位号。各层平面图是以上一层的楼板底面水平剖切的俯视图。

　　设备布置图的线型可以参见 HG 20546—2009，见表 3-6。

表 3-6　设备布置图的线型

线　型	图线宽度/mm		
	粗实线 (0.6~0.9)	中粗实线 (0.3~0.5)	细线 (0.15~0.25)
实线	可见设备的轮廓线 动设备的基础(当不绘制动设备外形时)	设备基础	原有设备的轮廓线 设备管口 土建的柱、门窗、楼梯、墙、楼板、开孔等
虚线	不可见设备的轮廓 不可见动设备的基础(当不绘制动设备外形时)	设备基础	
点画线			设备的中心线 设备管口的中心线 建筑轴线
双点画线	界区线、区域分界线、接续分界线		预留设备

四、设备布置图的标注

　　设备布置图的标注包括厂房建筑定位轴线的编号、建(构)筑物及其构件的尺寸；设备的定位尺寸和标高，设备位号、名称及其他说明等。

1. 厂房建筑的标注

　　可参见有关建筑制图的相关规定，按照土建专业图纸标注建筑物和构筑物的轴线编号及

轴线间的定位尺寸及总体尺寸，并标注室内外的地坪标高。

2. 设备的标注

设备布置图中一般不标注设备的的定形尺寸，只标注决定设备位置的定位尺寸。

在平面图上，一般选用建筑定位轴线作为尺寸基准，立式设备以设备的中心线为基准，卧式设备以中心线和靠近定位轴线一端的支座为基准。

在剖面图上，一般选择厂房室内地面为基准，立式设备以其支承点、最高点、重要管口的标高表示，卧式设备以其中心线标高表示。

在设备中心线的上方应标注与工艺图一致的设备位号，下方标注支承点的标高（POS EL×××.×××）或主轴中心线的标高（EL×××.×××），对于管架应注出架顶标高（TOS EL×××.×××），如图 3-5 所示。

3. 设备名称及位号的标注

设备布置图中的所有设备均应标注名称及位号，且该名称和位号应该与工艺流程图中的一致。注写方式一般有两种，一种是注在设备图形的上方或者下方，另一种是注在设备图形附近或者设备图形内。

五、安装方位标与设备一览表

安装方位标是确定设备安装方位的基准，一般画在图纸的右上方，如图 3-5 所示。

可在设计文件中单独列出设备一览表，如需要也可在设备布置图的右上角绘制设备一览表，具体情况可参见表 3-4 和表 3-5。

第三节　设备布置图的绘制

一、绘图前的准备工作

1. 了解有关图纸和资料

绘制设备布置图时，应以流程图、厂房建筑图、设备设计条件单等原始资料为依据。通过这些图纸资料，充分了解工艺过程的特点和要求，以及厂房建筑的基本结构等。

2. 考虑设备布置的合理性

设备布置设计是化工工程设计的一个重要阶段。设备平面布置，必须满足工艺要求，符合经济原则，便于操作、安装和检修以及符合安全生产等方面的要求。

（1）满足生产工艺要求　设备布置设计要考虑工艺流程和工艺要求，必须按照管道仪表说明图中的物料流动顺序来确定设备的平面位置，设备的平面位置和高低位置必须符合工艺流程和工艺条件，确保生产正常进行。

（2）符合经济原则　设备布置在满足工艺要求的基础上，应尽可能做到布置合理、节约投资。

（3）便于操作、安装和检修　设备布置应为操作人员提供一个良好的操作条件，设备布置应考虑在安装或维修时要有足够的场地、拆卸区和通道。

（4）符合安全生产的要求　设备布置应考虑安全生产的要求。在化工生产中，易燃易爆和高温有毒的物品较多，其设备、建筑物和构筑物之间应达到规定间距。若场地受到限制，则要求在危险设备的周围三边设置混凝土墙，敞开口一边对着空地。高温设备与管道应布置在操作人员不能触及的地方或采用保烫保温措施。明火设备要远离泄漏可燃气体的装备，并布置在下风口处。

在满足以上要求的前提下，设备布置应尽可能整齐、美观、协调。例如，泵、换热器群要排列整齐；成排布置的塔，人孔方位应一致，人孔的标高尽可能取齐；所有容器或储罐，在基本符合流程的前提下，尽量以直径大小分组排列等。

二、绘图方法与步骤

（1）确定视图配置。根据设备的复杂程度适当地选择视图，选择视图的比例和图幅。

（2）绘制设备布置平面图。从底层平面开始绘制，包括平面图、立面图等。具体步骤如下：

① 绘制建筑定位轴线，然后用细实线绘制出厂房基本结构，如墙、门窗、楼梯等基本结构；

② 绘制设备中心线，用粗实线绘制设备外形及管口、支架、基础、操作平台等轮廓形状；

③ 为建筑定位轴线编号，标注厂房轴线间的定位尺寸；

④ 注写设备位号、名称及支撑点标高，标注设备基础的定位尺寸。

（3）绘制设备布置剖面图。剖面图应完全、清楚地反映设备与厂房高度方向的关系。

① 绘制建筑定位轴线，然后用细实线绘制出厂房剖面图；

② 绘制设备中心线，用粗实线绘制设备立面轮廓形状；

③ 为建筑定位轴线编号，标注厂房轴线间的定位尺寸；

④ 标注厂房室内外地面标高、厂房各层标高和设备基础标高等。

（4）绘制方向标。

（5）绘制设备一览表，注写有关技术要求，填写标题栏。

（6）检查、校核、完成图样。

第四节　设备布置图的阅读

设备布置图主要涉及两个方面的知识：一是厂房建筑图的知识，二是与化工设备布置图有关的知识。阅读设备布置图不需要对设备的零部件投影进行分析，也不需要对设备的定形尺寸进行分析，主要是解决设备与建筑物结构、设备之间的定位问题。

一、明确视图关系

设备布置图是由一组平面图和剖面图组成，看图时首先是要清点设备布置图的张数，明确各张图上平面图和剖面图的配置，进一步分析各剖面图在平面图上的剖切位置，弄清各视图之间的关系。

如图 3-5 所示，乙炔工段设备布置图（局部）主要包括 EL100.000 和 EL104.000 两个平面图和一个 A-A 剖面图，分层绘制的平面图主要表达了各个设备的布置情况，例如从平面图中可知 R0101 乙炔反应器布置在距离 B 轴 2500mm、距离①轴 2600mm 的位置上。

二、看懂建筑结构

阅读设备布置图中的建筑结构主要是通过平面图、剖面图分析建筑物的层次，了解各层厂房建筑的标高，每层中的楼板、墙、柱、梁、楼梯、门、窗及操作平台、坑、沟等结构情况，以及它们之间的位置。

从图 3-5 中可以看出，厂房的总长为 16500mm、总宽为 9000mm、总高为 8000mm，各轴线之间的定位尺寸如图所示，二层开有一孔洞，设有楼梯和窗户等结构。

三、分析设备位置

先从设备一览表了解设备的种类、名称、代号和数量等内容，再从平面图和剖面图中分析设备与建筑结构、设备与设备的相对位置及设备的标高。

读图的方法是根据设备在平面图和剖面图中的投影关系、设备的位号，明确其定位尺寸，即在平面图中查阅设备的平面定位尺寸，在剖面图中查阅设备高度方向的定位尺寸。平面定位尺寸的基准一般是建筑的定位轴线，高度方向的定位基准一般是厂房的室内地面，从而确定设备与建筑结构、设备与设备之间的相对位置。

如图 3-5 所示，从平面图中可知 R0101 乙炔反应器布置在距离 B 轴 2500mm、距离①轴 2600mm 的位置上，根据投影关系和设备位号很容易在 A-A 剖面图上找到其相应的投影，从投影图上可知该设备安装在 EL100.750 到 EL105.262 的高度上。

在阅读过程中，应参考有关建筑施工图、工艺流程图和管道布置图以及其他的设备布置图，以确认读图的准确性。

第四章　管道布置图

管道布置和设计是以管道流程图、设备布置图以及有关土建、仪表电气和机泵等方面的图纸和资料为依据的。管道的设计和布置需符合标准的要求，应遵循以下基本原则：

（1）全面地了解工程对管道布置的要求，充分了解工艺流程、建筑结构、设备及管口配置等情况，由此对工程管道作出合理的初步布置。

（2）冷热管道应分开布置，难以避免时应热管在上冷管在下；有腐蚀物料的管道，应布置在平列管道的下侧或外侧。管道敷设应有坡度，坡度方向一般均沿物料流动方向。

（3）管道应集中架空布置，尽量走直线少拐弯，管道应避免出现"气袋"和"盲肠"。支管多的管道应布置在并行管道的外侧，分支气体管从上方引出，而液体管从下方引出。

（4）通过道路或受负荷地区的地下管道，应加保护措施。行走道顶的管道至地面的高度应高于2.2m。有一定重量的管道和阀门，一般不能支承在设备上。

（5）阀门要布置在便于操作的部位，对开关频繁的阀门应按操作顺序排列。重要的阀门或容易开错的阀门，相互间要拉开一定的距离，并涂刷不同的颜色。

管道布置设计的图样包括：管道平面设计图、管道平面布置图（即管道布置图）、管道轴测图、蒸汽伴管布置图和管架图。本章重点介绍管道布置图和管道轴测图。

第一节　管道布置图的作用和内容

管道布置图又称为管道安装图或者配管图，主要表达车间（装置）内管道及其与管件、阀门、仪表控制点的空间位置、尺寸和规格，以及与有关机器、设备的连接关系。管道布置图是管道安装施工的重要依据。它通常需要以带控制点的工艺流程图、设备布置图、有关的设备图以及土建、自控和电气专业等有关图样和资料作为依据，对管道作出适合工艺操作要求的合理布置设计。

管道布置图一般包括以下内容：

（1）一组视图　视图按照正投影绘制，包括一组平面图和剖面图，用以表达整个车间或者装置的建筑物和设备的基本结构以及管道、管件、阀门、仪表控制点等的安装和布置情况。

（2）尺寸和标注　一般要标注出管道以及管件、阀门、仪表控制点等的平面尺寸和标高，并标注建筑物的定位轴线编号、设备名称及位号、管段序号、仪表控制点代号等。

（3）管口表　位于管道布置图的右上角，用来填写该管道布置图中的设备管口。

（4）分区索引图　在标题栏的上方画出缩小的分区索引图，并用阴影线表示出本图所在位置。

（5）方向标　表示管道安装方位基准的图标，一般放在图面的右上角。

（6）标题栏　在标题栏中注写设计者、图名、图号、比例和设计阶段等内容。

第二节　管道及附件的图示方法

一、管道的图示方法

管道是管道布置图表达的主要内容，公称直径 DN 小于和等于 400mm 的管道、弯头、三通用单粗实线（推荐线宽 0.9mm）绘制，DN 大于 400mm 的管道用双中粗实线绘制（推荐线宽 0.5mm）。常见管道的图示见表 4-1。

表 4-1　管道的图示

管道	图例	 单线		双线		地下管道
管道转折	图例	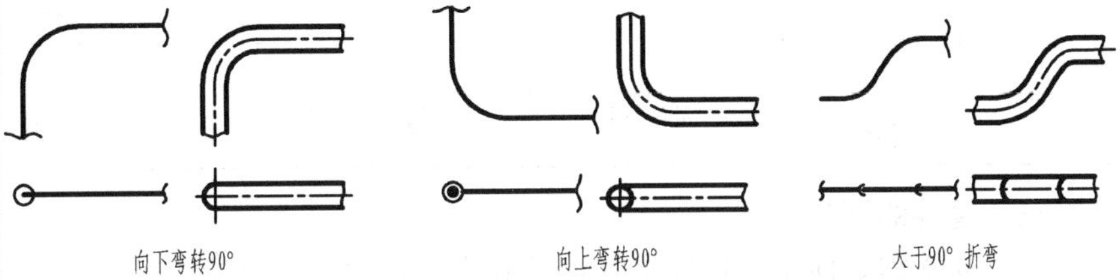 \multicolumn{5}{c}{}
		向下弯转90°		向上弯转90°		大于90°折弯
	说明	\multicolumn{5}{l}{管道公称直径小于或等于400mm的转折处一律用直角表示}
管道交叉	图例	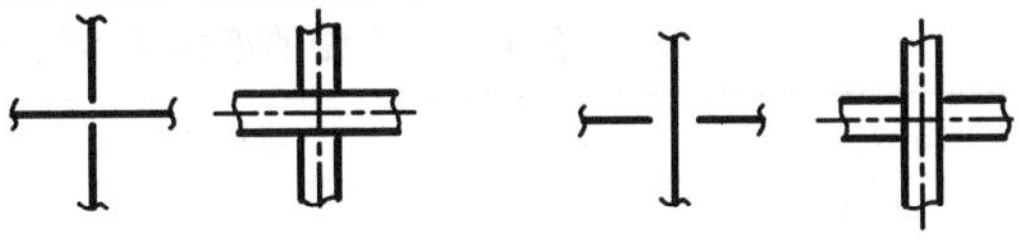 \multicolumn{5}{c}{}
	说明	\multicolumn{5}{l}{管道交叉时，把被遮挡的管道的投影断开}
管道重叠	图例	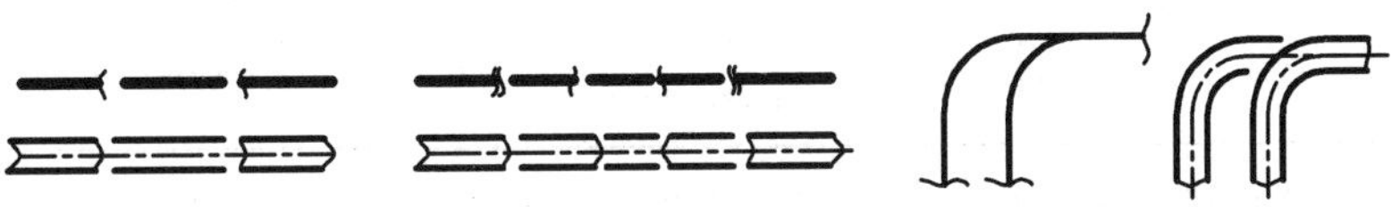 \multicolumn{5}{c}{}
	说明	\multicolumn{5}{l}{管道投影重叠时，将上面或者是前面的管道投影断开表示，下面或者后面管道的投影画至重影处，稍留间隙断开 当多条管道的投影重叠时，可将最上或者最前的管道的一条用双重断开的符号表示，当管道转折后投影重影时，将后面的管道画至重影处，留留间隙断开}
管架	图例	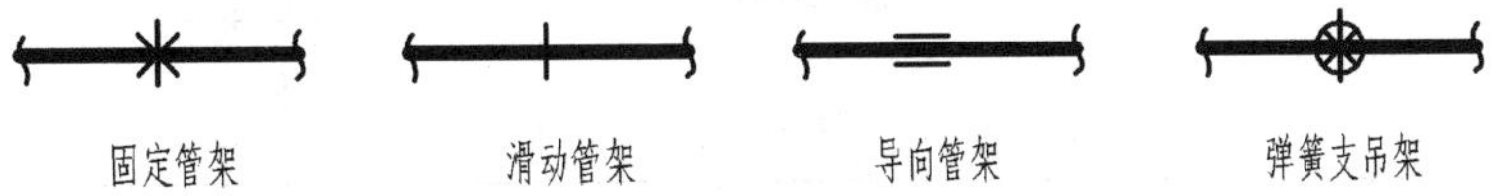 固定管架	滑动管架	导向管架		弹簧支吊架
	说明	\multicolumn{5}{l}{管架的作用是支承和固定管道，管架的形式和位置一般采用符号在平面图上表示}

二、阀门与控制点的图示方法

阀门在管道中用于调节流量、切断或者切换管路，并对管道起安全控制作用。管道中阀门用简单的图形和符号表示，管路布置图中阀门图示符号列于表 4-2 中。

阀门、仪表、控制点的画法与工艺流程图中的一致，用细实线绘出。

表 4-2　管路布置图中阀门符号图例

名　称	图　例			
	阀门各视图			轴测图
闸阀	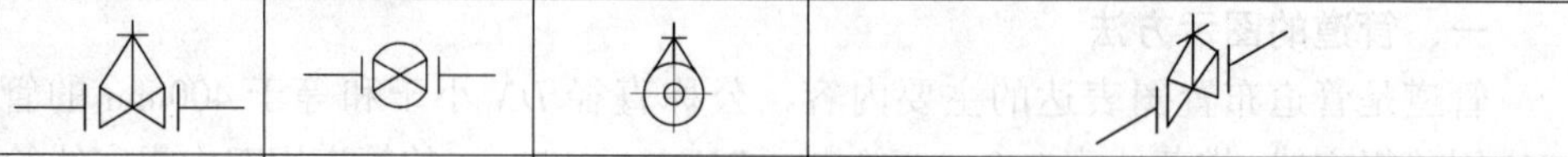			
截止阀	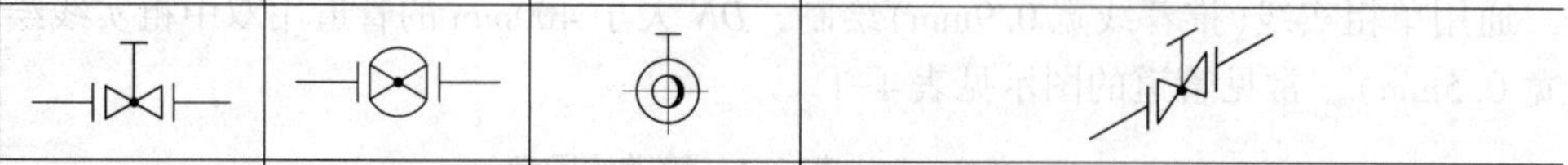			
节流阀	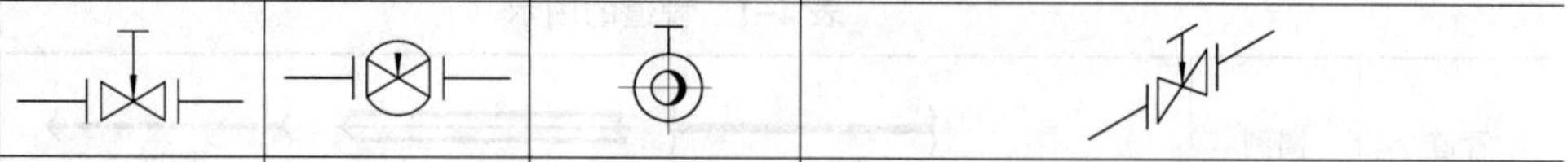			
止回阀	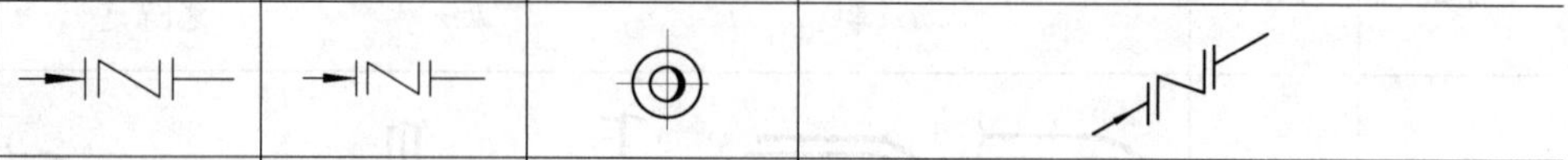			
球阀	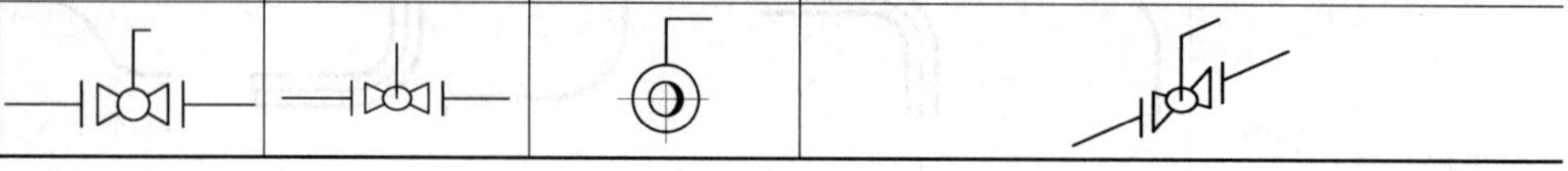			

三、管件的画法

管线通常需要使用连接件将其连接起来，根据情况可选择不同的连接方式，一般有法兰连接、承插焊连接、螺纹连接和焊接连接。常用的管道连接符号列于表 4-3 中。

表 4-3　管路的连接图示符号

连接形式	图示符号	举　例	连接形式	图示符号	举　例
螺纹连接	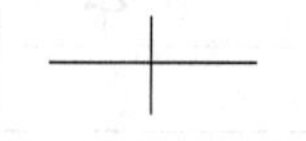	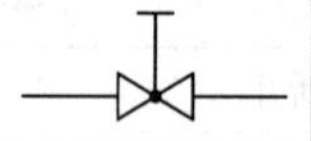	承插连接	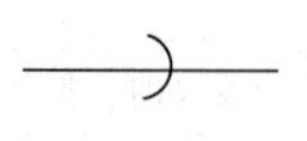	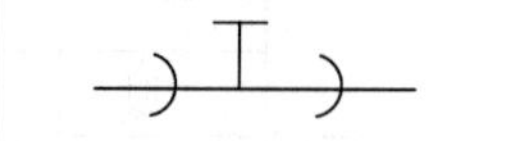
法兰连接	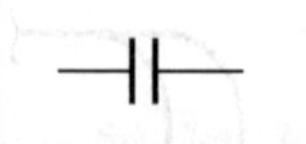	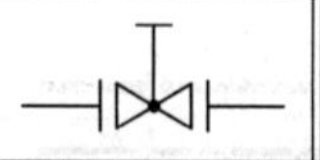	焊接连接	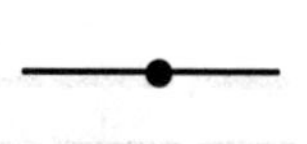	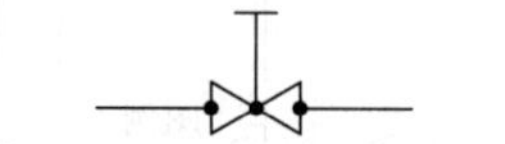

管道中的其他附件，如三通、弯头、异径管和法兰等管道连接件，简称管件。常用的管件列于表 4-4 中。

表 4-4　管道布置图中管件符号图例

名　称		图　例	
三　通	法兰连接	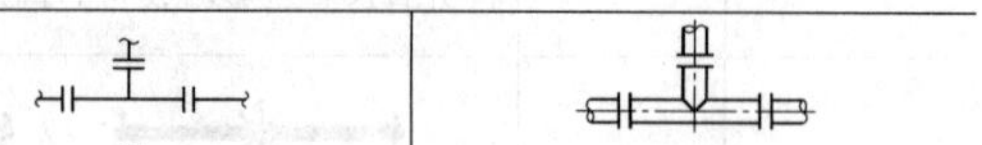	
	焊接		
弯　头	法兰连接	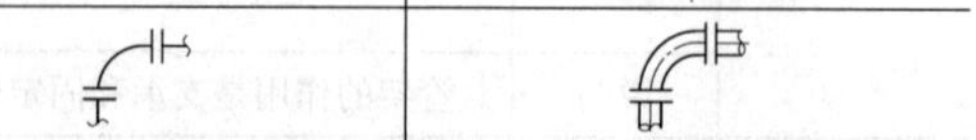	
	焊接	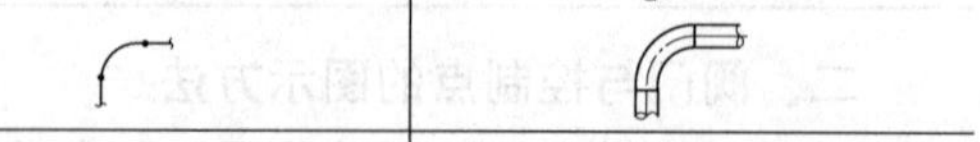	
异径管	同心法兰连接		
	偏心法兰连接		

第三节　管道布置图的视图与标注

管道布置图是进行管道安装施工的重要依据，必须遵照有关规定和管道符号进行绘制。

一、管道布置图的视图配置

1. 管道布置图的一般规定

1) 图幅与比例

管道布置图图幅一般采用 A0，比较简单的也可采用 A1 或 A2，同区的图宜采用同一种图幅，图幅不宜加长或加宽，同一个装置(车间)也不应采用多种图幅。

常用比例为 1∶25、1∶30、1∶50、1∶60，但同区的或各分层的平面图应采用同一比例。

2) 单位

管道布置图中标高坐标以米(m)为单位，下方标注支承点的标高 POS EL×××.××× 或主轴中心线的标高 EL×××.×××，管架架顶标高 TOS EL×××.×××。

管段长度和管道间距以毫米(mm)为单位，只注数字，不注单位。

管道公称直径以毫米(mm)表示，如采用英制单位时应加注英寸符号，如 2″、3/4″。

3) 分区原则

由于车间(装置)范围比较大，为了清楚表达各工段管道布置情况，需要分区绘制管道布置图时，常以各工段或工序为单位划分区段。

管道布置图一般应按分区索引图所划分的区域绘制。区域分界线用粗双点画线表示，用 B.L 表示装置边界，边界以内的的分区线或者拼接线用 M.L 表示，COD 表示接续图，在区域边界的外侧标注分界线的代号、坐标以及与该图标高相同的相邻部分的管道布置图的图号，如图 4-1 所示。

分区索引图中应标明区域号，分区号用大写罗马数字表示在索引图上，如图 4-2 所示。

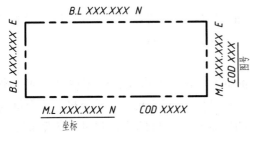

图 4-1　区域分界的表示方法

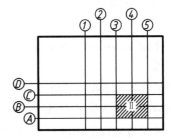

图 4-2　分区索引图

2. 视图配置

管道布置图与设备布置图一样是采用正投影原理和规定符号绘制出来的一组视图，这组视图常以平面图为主，以立面图、剖面图、向视图和局部放大图等作为辅助视图，如图 4-3 所示。

平面图是管道布置图中的主要图形，表达管道与建筑、设备、管件等之间的平面布置安装情况。管道平面布置图可根据管道的复杂程度，按建筑位置、楼板层次及安装标高等分区、分层地分别绘制。

立面图主要用来表达管道与建筑、设备、管件等之间的立面布置安装情况。立面图多采用全剖视图、局部剖视图或阶梯剖视图进行表达，但必须对剖切位置、投影方向、视图名称进行标注，便于表示各图之间的关系。

对于平面图和立面图中仍未表达清楚的部位，可根据需要选择向视图或局部放大图进行表达，并标注出视图名称和放大比例。

3. 建筑及构件

在管道布置图中，凡是与管道布置安装有关的建筑物、设备基础等，均应按比例遵照有关规定用细实线画出，如图 4-3 所示。而与管道安装位置关系不大的门、窗等建筑构件可简化画出或不予表示。

4. 设备及管口

管道布置图中的设备，应大致按比例用细实线绘制出其外形特征，但设备上与配管有关的接口应全部画出并标注管口符号，如图 4-3 中的管口"a"、"b"、"c"、"d"，并要画出设备的安装位置及设备的中心线。在布置图的右上角可设置管口表，其格式可参见习题 14。

5. 管道及管件

管道布置图中一般应绘制出全部工艺管道和辅助管道，当管道较复杂时也可分别画出。管道、管件应按标准规定的符号绘制，以表达出管道的走向和相互间的位置关系。

6. 管架及方位标

管架的形式及位置一般采用符号在平面图上表示出来。

管道布置图中一般需要在图纸的右上角画出方位标记，以作为管道安装的定位基准。方位标记应与相应的建筑图及设备布置图相一致，箭头指向建筑北向。

二、管道布置图的标注

在管道布置图中，需要标注管道的平面布置尺寸和安装标高尺寸，标注设备位号与名称、管道代号和管件的代码、编号及尺寸等，并注写必要的说明文字。

1. 建筑物或构件

在管道布置图中，通常需标注出建筑物或构件的定位轴线的编号，以作为管道布置的定位基准，并标注出定位轴线的间距尺寸和总体尺寸，如图 4-3 所示。

2. 设备

设备是管道布置的主要定位基准，需按照设备布置图标注所有设备的定位尺寸或者坐标、基础标高；对于卧式设备还需标注出设备支架位置尺寸；对于机泵、压缩机、透平机或者其他机械设备应按照产品样本或者制造厂提供的图纸标注管口的定位尺寸（或者角度）、底盘或者底面标高或者中心线标高。

设备图中常用 5mm×5mm 的方块标注出管口符号、管口方位、底部或者顶部管口法兰的标高、侧面管口的中心线标高或者斜接管口的工作点标高等，如图 4-4 所示。

在管道布置图的设备中心线上方标注出与流程图一致的设备位号，下方标注出支承点的标高（POS EL×××.×××）或者主轴中心线的标高（EL×××.×××）。剖面图上的设备位号标注在设备近侧或者设备内，如图 4-3 所示。

3. 管道

在管道布置图上应标注出所有管道的定位尺寸和标高、物料的流动方向及管道代号。

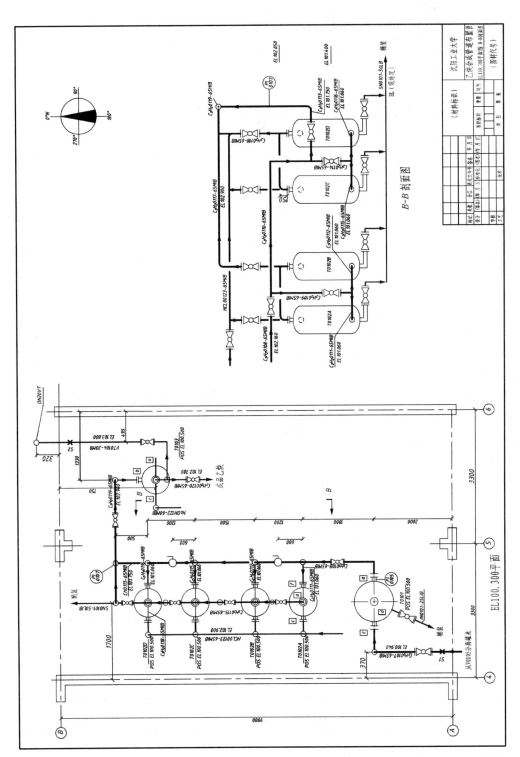

图 4 - 3　某管道布置图（局部）

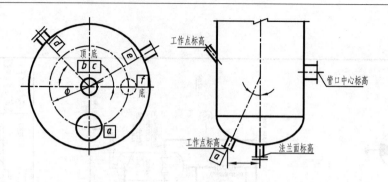

图 4-4　管口方位标注

1）管道的尺寸标注

管道的定位尺寸常以建筑定位轴线、房屋墙面、设备中心线和设备管口法兰等为基准进行标注。管道的安装标高，一般标注管中心的标高（EL×××.×××），并标在立面图上管线的起始点、转弯处。标高以室内地平面 EL 0.000 为基准，正标高前可不加正号，而负标高前必须加负号。

2）管道代号的标注

在管道布置图上应标注出物料的流向和管道代号，管道代号应与工艺流程图一致。对于水平管道，管道代号一般标注在管线的上方，而垂直管道则标注在管道的左方。当管道布置图只采用平面图表达时，可在管道代号的下面标出其标高。

4. 管件和管架的标注

管道图中的阀门、仪表等管件，一般标注出安装尺寸或在立面图上标出安装标高。当在管道中使用的管件类型较多时，应在图中管件的符号旁分别注明其规格、型号等。

在管架的符号旁边应标注出管架号。管架号由管架类别代号、管架生根部位结构代号、管道所在区号、管道布置图尾号和管架序号五部分组成，如图 4-5 所示，其中管架类别及代号见表 4-5，管架生根部位的结构及代号见表 4-6。

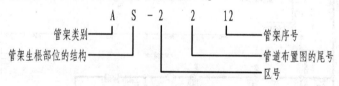

图 4-5　管架号的组成

表 4-5　管架类别及代号

管架类别	代　号	管架类别	代　号
固定架	A	弹簧吊架	S
导向架	G	弹簧支座	P
滑动架	R	特殊架	E
吊架	H	轴向限位架	T

表 4-6　管架生根部位的结构及代号

管架生根部位的结构	代　号	管架生根部位的结构	代　号
混凝土结构	C	设备	V
地面结构	F	墙	W
钢结构	S		

第四节 管道布置图的阅读

管道布置图是在设备布置图的基础上增加了管道布置情况的图样。管道布置图解决的主要问题就是如何用管道把设备连接起来,阅读管道布置图应重点了解管道布置情况。

一、明确视图数量及关系

阅读管道布置图首先要明确视图配置、数量及各视图所表达的重点内容,其次要了解平面的分区情况以及平面图和剖面图的数量及配置情况,并在此基础上弄清各剖面图在平面图上的剖切位置及各视图之间的对应关系。

例如,从图 4-3 所示的布置图可以看出,该图是由一个 EL100.300 平面图和一个 $B-B$ 剖面图组成。

二、看懂管道走向

根据带控制点的工艺流程图,从起点设备开始按照流程顺序、管道编号,对照平面图和剖面图,并依照布置图的投影关系、表达方法、图示符号及有关规定,搞清每条管道的来龙去脉、分支情况、安装位置以及阀门、管件、仪表、管架等的布置情况。

三、分析管道位置

在看懂管道走向后,通过对管道布置图中的尺寸分析,在平面图上,以建筑定位轴线、设备中心线、设备管口法兰等为尺寸的基准,阅读管道的水平定位尺寸;在剖面图上,以首层地面为基准,阅读管道的安装标高,进而逐条查明管道的位置。

以图 4-3 为例,依上述步骤重新阅读、分析管道布置情况。在阅读过程中,还可参考施工流程图、设备布置图、管道轴测图等,以全面了解设备、管道、管件、阀门、控制点的布置情况。

第五节 管道轴测图

一、管道轴测图的作用与内容

管道轴测图又称管段图,是表达一个设备至另一个设备(或另一管段)之间的一段管道及其所附管件、阀门和控制点等具体布置情况的立体图样。

管道轴测图一般按正等轴测投影原理绘制,立体感强,便于识读,有利于施工。图 4-6 为某管道轴测示意图。

利用计算机绘图,可绘制区域较大的管道轴测图,可以代替模型设计,避免在图样上不易发现的管道干涉等现象,有利于管道的预制与施工。

图 4-7 是与图 2-4 对应的乙炔合成系统的管道轴测示意图(局部)。管道轴测图如图 4-8 所示(乙炔合成工段净化酸塔 T0101 局部管路),一般包括以下内容:

(1)图形 按正等轴测投影原理绘制的管道及其附件的符号和图形。

(2)标注 注出管段代号及标高、管段所连接设备的位号、名称和安装尺寸等。

(3)方向标 表示安装方位的基准,北(N)向与管道布置图上的方向标的北向一致。

(4)材料表 列表说明管段所需要的材料、尺寸、规格、数量等。

(5)标题栏 注写图名、图号、比例、设计单位、设计阶段等。

(6)技术要求 预制管段的焊接、热处理、试压要求等。

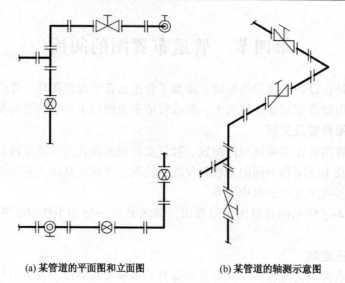

(a) 某管道的平面图和立面图   (b) 某管道的轴测示意图

图 4-6   管道轴测示意图

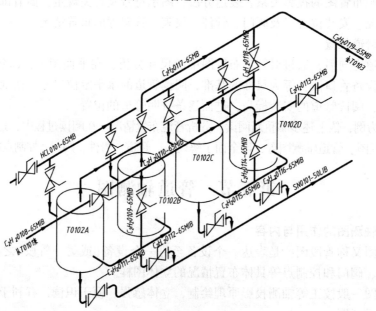

图 4-7   乙炔合成的轴测示意图（局部）

二、管道轴测图的画法

管道轴测图不必按比例绘制，但阀门、管件等图形符号以及在管段中的位置比例要相对协调。原则上一个管段号画一张管道轴测图。复杂的可适当断开，分成两张或几张画出，但仍用同一图号，注明页数，且分界线常以管道的自然断开点为界，如法兰、管件的焊接点或安装需要的现场焊接点等处。

1. 图形

管道轴测图中的管道一律用粗实线单线绘制（线宽约 0.8mm），并在管道的适当位置画出管中介质流向箭头。管段图中所有管子、管件、阀门均采用规定图例符号表示，除弯头和三通外，其他管件和阀门等用细实线绘制。管道轴测图中一些与坐标轴不平行的斜管，可用细实线绘制的平行四边形或长方体来表示所在的平面，如图 4-9 所示。

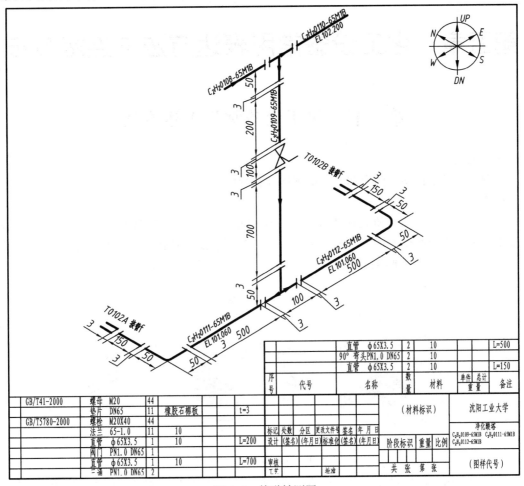

图 4-8　管道轴测图

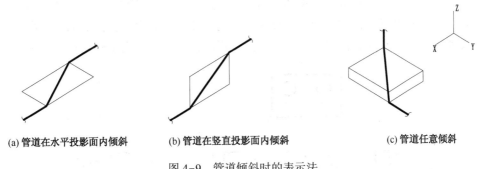

(a) 管道在水平投影面内倾斜　　(b) 管道在竖直投影面内倾斜　　(c) 管道任意倾斜

图 4-9　管道倾斜时的表示法

2. 标注

在管段图中，应标注管段代号、管段所连接的设备位号、管口号或者其他管段号以及管道、管件、阀门等有关安装所需的全部尺寸。垂直的管道以标高表示高度，方位标应与设备布置图上的一致。水平向管道的标高"EL"标注在管道的下方。只标注标高时，标注在管道上方或下方均可。

第五章　化工设备常用表达方法与连接方法

第一节　化工设备常用表达方法

一、视图

视图分为基本视图、向视图、局部视图和斜视图。

1. 基本视图

如图 5-1 所示，将被研究物体放置在一个由正六面体形成的投影面体系中，分别向六个基本投影面投影所得的视图称为基本视图。六个基本投影面展开后各视图的配置关系如图 5-2 所示，在同一张图纸内按图 5-2 配置视图时，一律不标注视图的名称。

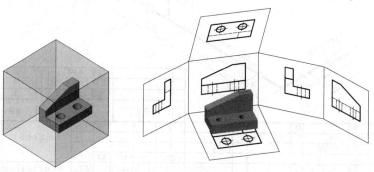

图 5-1　六个基本视图的形成

主视图：由前向后投影所得的视图，它反映机件的长和高；俯视图：由上向下投影所得的视图，它反映机件的长和宽；左视图：由左向右投影所得的视图，它反映机件的高和宽；右视图：由右向左投影所得的视图，它反映机件的高和宽；后视图：由后向前投影所得的视图，它反映机件的长和高；仰视图：由下向上投影所得的视图，它反映机件的长和宽。

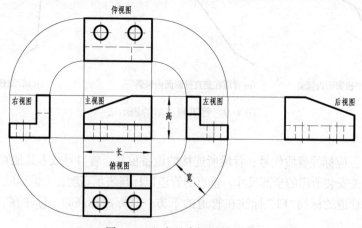

图 5-2　六个基本视图的配置

2. 向视图

向视图是可自由配置的视图。若视图不能按图5-2配置时，则应在向视图的上方标注"×"（"×"为大写的拉丁字母），且在相应的视图附近用箭头指明投影方向，并注上相同的字母，如图5-3所示。

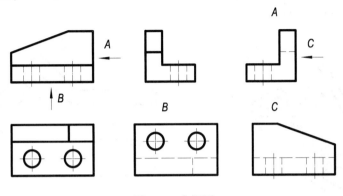

图5-3　向视图

3. 局部视图

当机件仅有局部结构形状需要表达，而又没有必要画出其完整的基本视图时，可将机件的某一部分向基本投影面投影，所得到的视图称为局部视图。

如图5-4所示机件，采用了主视图和俯视图为基本视图，并配合 A、B、C 局部视图表达机件两侧凸台及底板结构的形状。

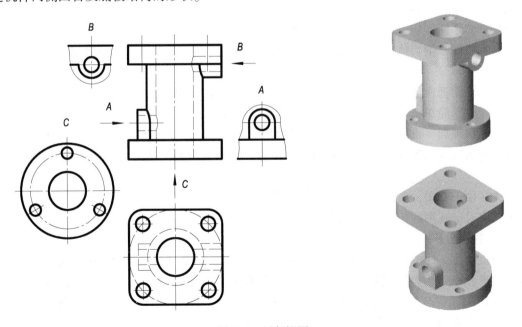

图5-4　局部视图

4. 斜视图

如图 5-5(a)所示机件，其右侧结构倾斜于基本投影面，在基本投影面上投影就不能反映该结构的实形。增设一个与倾斜结构平行且垂直于基本投影面的辅助投影面 P，并在该投影面上作出反映倾斜部分实形的投影，所得的视图称为斜视图。如图 5-5(b) 中的 A 向斜视图，表达了机件右侧倾斜结构的真实形状。

斜视图一般只表达倾斜部分的局部形状，其余部分不必全部画出，可用波浪线断开。

斜视图必须标注，标注方法与向视图相同。斜视图在不引起误解时，允许将图形旋转，其标注形式如图 5-5(c) 所示。

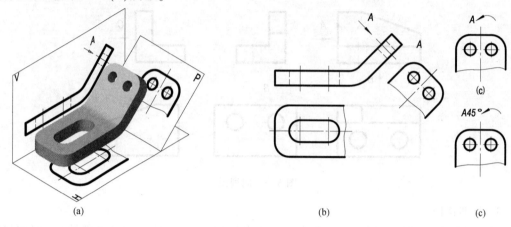

图 5-5　斜视图

二、剖视图

剖视图主要用来表达机件的内部结构形状。剖视图分为：全剖视图、半剖视图和局部剖视图三种。获得三种剖视图的剖切面和剖切方法有：单一剖切面(平面或柱面)剖切、几个相交的剖切平面剖切、几个平行的剖切平面剖切、组合的剖切平面剖切。

根据机件被剖切范围的大小，剖视图可分为全剖视图、半剖视图和局部剖视图。

1. 全剖视图

用剖切面把机件完全剖开所得到的剖视图，称为全剖视图，如图 5-6 所示。全剖视图主要用于外形简单、内部结构复杂的不对称机件或外形简单的回转体机件。

采用剖视后，机件上原来一些看不见的内部形状和结构变为可见；剖切面与机件接触的部分，称为断面。为区别剖到和未剖到的部分，要在剖到的实体部分，即断面中画上剖面符号。

为了便于看图，在画剖视图时，应将剖切位置、投影方向和剖视图名称标注在相应的视图上，有时剖视图的标注内容可以简化或省略。

2. 半剖视图

当机件具有对称平面时，在垂直于对称平面投影面的投影上，可以对称中心线为界，一半画成剖视，另一半画成视图，这样的图形叫半剖视图，如图 5-7 所示，剖视图和视图应以细点画线为分界线。半剖视图主要用于内、外形状都需要表示的对称机件，如图 5-8 所示。

3. 局部剖视图

用剖切面剖开机件的一部分，以显示这部分的内部形状，并用波浪线表示剖切范围，这样的图形称为局部剖视图。如图 5-9 中机件上板和底板上的小孔结构，就是选用剖切平面通过该孔轴线局部地剖开所得到的局部剖视图，注意两个位置的局部视图是选用不同的剖切平面。

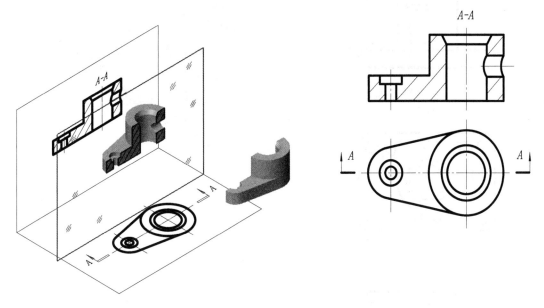

图 5-6　全剖视图

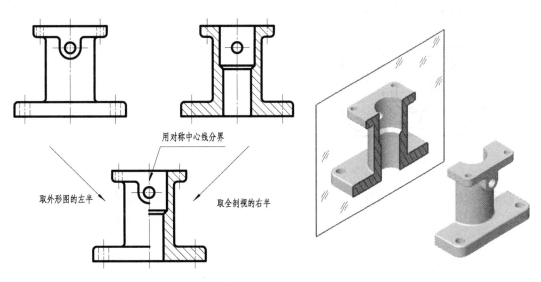

图 5-7　半剖视的形成一

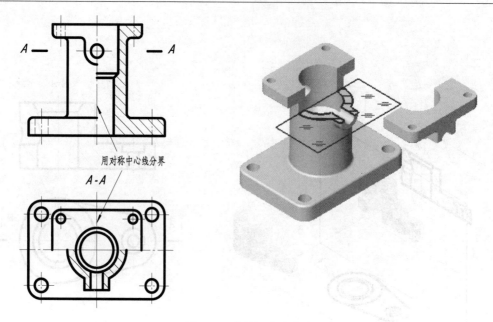

图 5-8　半剖视的形成二

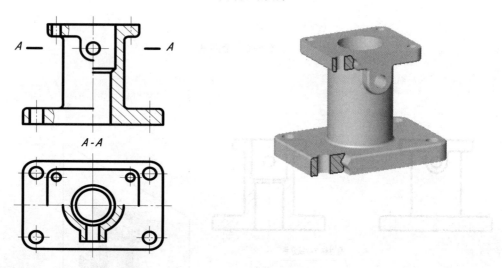

图 5-9　局部剖视图一

局部剖视的适用范围比较广泛、灵活，如图 5-10 所示。局部剖视图的标注与全剖视图相同。当单一剖切平面位置明显时，可省略标注；当剖切平面位置不明显时，必须标注剖切符号、投影方向和剖视图的名称。

三、剖视图的剖切方法

由于零件结构形状不同，画剖视图时，可采用以下三种不同的剖切方法。

1. 单一剖切面剖切

单一剖切面包括正剖切平面、斜剖切平面和剖切柱面。前面所介绍的几个图例都是用单一正剖切平面或单一剖切柱面剖切的方法绘制的，其中用得最多的剖切面是正剖切平面。

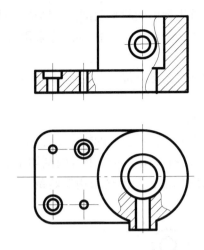

图 5-10　局部剖视图二

当机件上倾斜部分的内部结构在基本视图上不能反映实形时，可以用与基本投影面倾斜并且平行于机件倾斜部分的平面剖切，再投影到与剖切平面平行的投影面上，得到由单一斜剖切平面剖切的全剖视图，如图 5-11 所示。

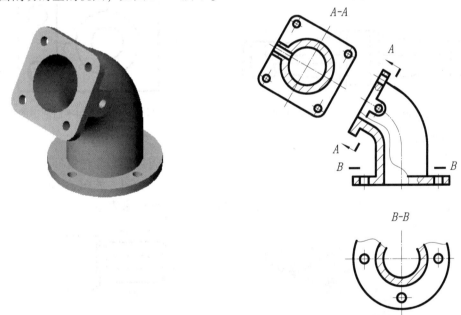

图 5-11　单一斜剖切平面剖得的剖视图

在画单一斜剖切平面剖得的剖视图时，必须标出剖切位置，并用箭头指明投影方向，注明剖视图名称。

单一斜剖切平面剖得的剖视图最好配置在与基本视图的相应部分保持直接投影关系的地方，必要时可以平移到其他适当地方，也允许将图形旋转。

2. 几个相交的剖切面剖切

当机件的内部结构形状用一个剖切平面不能表达完全，且这个机件又具有回转轴时，可用两个相交的剖切平面剖开。首先把由倾斜平面剖开的结构连同有关部分旋转到与选定的基本投影面平行，然后再进行投影，如图 5-12 中 A–A 为采用旋转剖的剖切方法绘制的全剖视图。

采用旋转剖切方法绘制的剖视图必须标注，在剖切平面后的其他结构一般仍按原来位置投影，如图 5-12 所示。

3. 几个平行的剖切平面剖切

当机件上有较多的内部结构形状，而它们的轴线不在同一平面内时，可用几个互相平行的剖切平面剖切，如图 5-13 中的机件用了两个平行的剖切平面剖切后得到 A–A 全剖视图。平行的剖切平面剖得的剖视图的标注，与上述采用旋转剖切方法绘制的剖视图的标注要求相同。

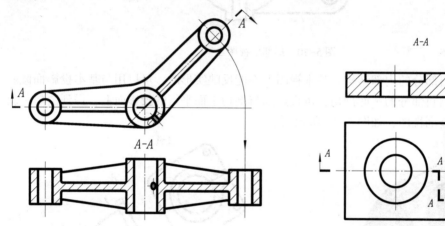

图 5-12　剖切平面后其他结构的处理　　　图 5-13　两个平行的剖切平面剖得的全剖视图

四、断面图

断面图主要用来表达机件某部分断面的结构形状。假想用剖切面把机件的某处切断，仅画出该剖切面与机件接触部分即断面的图形，此图形称为断面图，如图 5-14 所示。

机件上的肋、轮辐及轴上的键槽和孔等结构常采用断面图来表达。

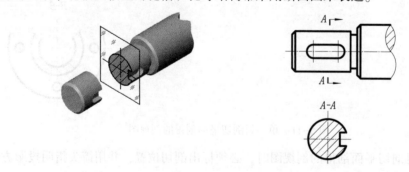

图 5-14　断面图

根据断面图在绘制时所配置的位置不同，断面图可分为移出断面图和重合断面图两种。

1. 移出断面图的画法与标注

画在视图轮廓线以外的断面图，称为移出断面图，如图 5-15 所示。

移出断面图的轮廓线用粗实线表示，并应尽量配置在剖切线或剖面符号的延长线上，如图5-15(a)所示，必要时也可将移出断面图配置在其他适当的位置，如图5-15 (b)、(c)所示。

画移出断面图时，应注意以下几点：

（1）一般情况下，在画断面图时只需画出剖切后的断面形状，但当剖切平面通过机件上回转面形成的孔或凹坑的轴线时，这些结构应按剖视画出，如图5-15 (a)、(b)、(d)所示。

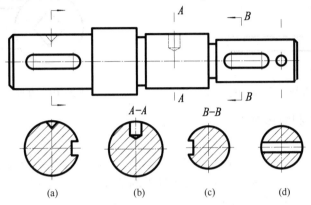

图 5-15   按剖视要求绘制的移出断面图

（2）当剖切平面通过非圆孔会导致出现完全分离的两个断面时，这样的结构也应按剖视画出，如图5-16所示。

（3）如图5-17所示，为了表示机件两边倾斜的肋的断面的真实形状，应使剖切平面垂直于轮廓线。由两个或多个相交的剖切平面剖切得出的移出断面，中间一般应断开，中间部分以波浪线断开。

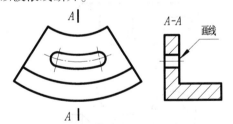

图 5-16   按剖视要求绘制的移出断面图

图 5-17   断开的移出断面图

移出断面图的标注与剖视图的标注基本相同。用剖切符号表示剖切位置，用箭头表示投影方向，并注上字母"×"（"×"为大写的拉丁字母），在剖视图的正上方中间位置用同样的字母标出相应的名称"×-×"，如图5-15(c)所示。

当以上的标注内容不注自明时，可部分或全部省略标注：配置在剖切符号延长线上的不对称移出断面图不必标注字母，如图5-15 (a)所示；不配置在剖切符号延长线上的对称移出断面图[见图5-15 (b)]以及按投影关系配置的移出断面图，一般不必标注箭头；配置在剖切符号延长线上的对称移出断面图，不必标注字母和箭头，如图5-15(d)所示。

2. 重合断面图

画在视图轮廓线内部的断面图，称为重合断面图。

重合断面图的轮廓线用细实线绘制，当视图的轮廓线与重合断面图的图形线相交或重合时，视图的轮廓线仍要完整地画出，不可间断。

不对称的重合断面图需要标注投影方向的箭头，如图 5-18 所示；对称的重合断面图不必标注，如图 5-19 所示。

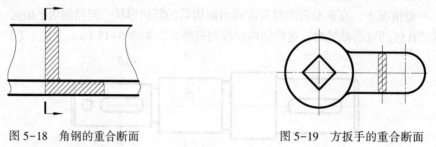

图 5-18　角钢的重合断面　　　　　　　　　图 5-19　方扳手的重合断面

五、局部放大图和简化画法

1. 局部放大图

机件上一些局部结构过于细小，当用正常比例绘制时，这些结构表达不清楚，也不便于标注尺寸，可采用局部放大图来表达。将机件上的部分结构采用比原图形放大的比例画出的图形称为局部放大图，如图 5-20 所示。

局部放大图可以画成视图、剖视图和剖面图，它与原图中被放大部分的表达方法无关。绘制局部放大图时，应用细实线圈出被放大的部位，并尽量画在被放大部位附近，同时在局部放大图上方标注所采用的比例。当机件上有几个放大部位时，必须用罗马数字顺序地注明，并在局部放大图的上方标出相应的罗马数字及所采用的比例。

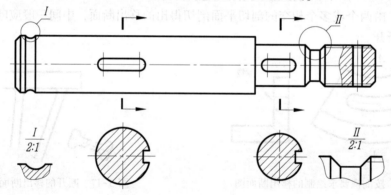

图 5-20　局部放大图的画法

2. 简化画法

除前述的图样画法外，国家标准《技术制图》、《机械制图》还列出了一些简化画法和规定画法。

（1）当机件具有若干相同结构（齿、槽等），并按一定规律分布时，只需画出几个完整的结构，其余用细实线连接，在零件图中则必须注明该结构的总数，如图 5-21 所示。

（2）若干直径相同且呈规律分布的孔（圆孔、螺孔、沉孔等），可以仅画出一个或几个，其余只需用点画线表示其中心位置，在零件图中应注明孔的总数，如图 5-22 所示。

（3）较长机件（如轴、杆、型材、连杆等）沿长度方向的形状一致或按一定规律变化时，可断开后缩短绘制，标注尺寸时应按实际尺寸标注，如图 5-23 所示。

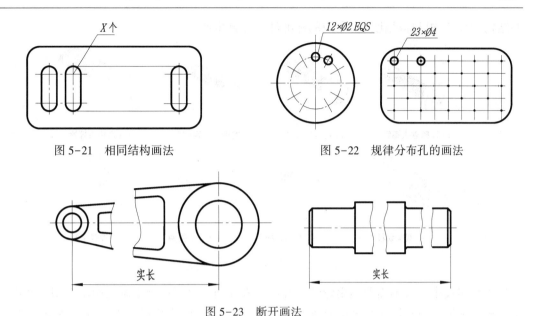

图 5-21　相同结构画法　　　　　　　　　　图 5-22　规律分布孔的画法

图 5-23　断开画法

（4）在不致引起误解时，对于对称机件的视图也可只画出一半或四分之一，此时必须在对称中心线的两端画出两条与其垂直的平行细实线，如图 5-24 所示。

（5）当图形不能充分表达平面时，可用平面符号（相交的两细实线）表示，如图 5-25 所示。

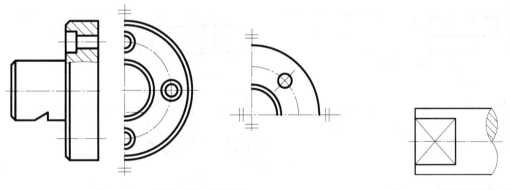

图 5-24　对称机件的简化画法　　　　　　　图 5-25　平面的简化画法

第二节　化工设备常用连接方法

化工设备中，常用的连接方法有两种：一种是通过螺纹紧固件将零件连接在一起的螺纹连接，属于可拆连接；另外一种是焊接，它是将需要连接的零件，通过在连接处局部加热融化金属得到结合的一种不可拆连接。

一、螺纹连接

1. 常用螺纹紧固件及其规定画法与标记

常用的螺纹紧固件有螺栓、螺柱、螺钉、螺母和垫圈等标准件，如图 5-26 所示，它们的结构和尺寸均已标准化，由专门的标准件厂成批生产。

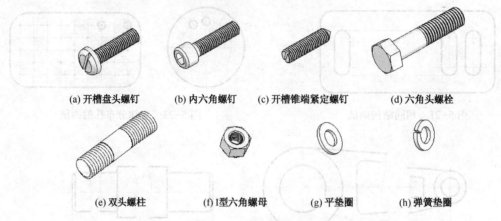

    (a) 开槽盘头螺钉   (b) 内六角螺钉   (c) 开槽锥端紧定螺钉   (d) 六角头螺栓

    (e) 双头螺柱   (f) I型六角螺母   (g) 平垫圈   (h) 弹簧垫圈

图 5-26　常用的螺纹紧固件示例

    工程实践中一般不需要画出螺纹标准件的零件图，只要按规定画法画出视图，并进行标记，根据标记就可从国家标准中查到它们的结构形式和尺寸数据。表 5-1 列举出一些常用螺纹紧固件的视图、主要规格尺寸和标记示例。

表 5-1　常用的螺纹紧固件及其标记示例

名称及视图	规定标记示例	名称及视图	规定标记示例
开槽盘头螺钉	螺钉 GB/T 67—2008 M10×45	双头螺柱	螺柱 GB/T 899—1988 M12×50
内六角圆柱头螺钉	螺钉 B/T 70.1—2008 M16×40	I 型六角螺母	螺母 GB/T 6170—2000 M16
开槽锥端紧定螺钉	螺钉 GB/T 71—1985 M12×40	平垫圈 A 级	垫圈 GB/T 97.1—2002 16—200HV
六角头螺栓	螺栓 GB/T 578—2000 M12×50	标准型弹簧垫圈	垫圈 GB/T 93—1987 20

　　1）六角头螺栓、六角螺母和垫圈的简化画法

　　六角头螺栓、六角螺母和垫圈的简化画法如图 5-27 所示，其中 D 和 d 均为内、外螺纹的公称直径。

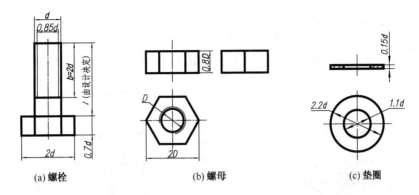

(a) 螺栓　　　　　　　　　　(b) 螺母　　　　　　　　　　(c) 垫圈

图 5-27　六角头螺栓、六角螺母和垫圈的的简化画法

2）双头螺柱的简化画法

双头螺柱两端都有螺纹，其中一端全部旋入被连接件的螺孔内，称为旋入端，其长度用 b_m 表示；另一端用来旋紧螺母称为紧固端，其长度用 b 表示。双头螺柱的简化画法如图 5-28 所示。

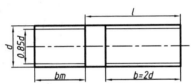

图 5-28　双头螺柱的简化画法

3）螺钉的简化画法

开槽圆柱头螺钉、开槽沉头螺钉和开槽锥端紧定螺钉的简化画法如图 5-29 所示。

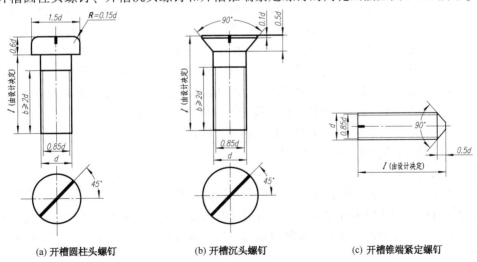

(a) 开槽圆柱头螺钉　　　　　(b) 开槽沉头螺钉　　　　　(c) 开槽锥端紧定螺钉

图 5-29　螺钉的简化画法

2. 螺纹紧固件的连接画法

用螺纹紧固件将两个（或两个以上）被连接件连接在一起，称为螺纹紧固件的连接。常见螺纹紧固件的连接形式有：螺栓连接、螺钉连接和双头螺柱连接等。

1）螺栓连接的装配图及其画法

螺栓连接适用于连接两个不太厚的零件。螺栓穿过两被连接件上的通孔，加上垫圈，拧紧螺母，就将两个零件连接在一起了。螺栓连接装配图的简化画法如图 5-30 所示。

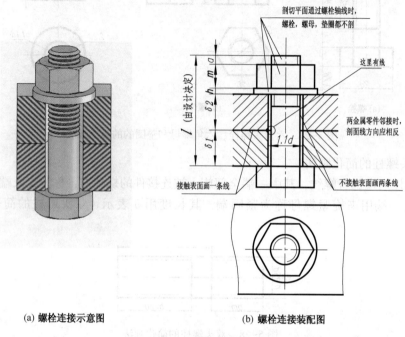

(a) 螺栓连接示意图　　　　　　　　(b) 螺栓连接装配图

图 5-30　螺栓连接

2）螺钉连接的画法

螺钉连接是将螺钉直接旋入被连接件的螺纹孔内，常用于受力不大且不经常拆装的场合。

如图 5-31 所示，通常在较厚的零件上制出螺孔，另一零件上加工出通孔；连接时，将螺钉穿过通孔旋入螺纹孔拧紧即可。螺钉螺纹长度 $b \geq 2d$，并且要保证螺钉的螺纹终止线应在被连接零件的螺纹孔顶面以上，以表示螺钉尚有拧紧的余地；对于不穿通的螺孔，可以不画出钻孔深度，仅按螺纹深度画出。开槽圆柱头螺钉和开槽沉头螺钉的装配图如图 5-31 所示。

b_m 值根据国家标准规定，由带螺孔的被连接零件的材料决定：

材料为青铜、钢时，$b_m = d$，d 为螺钉的螺纹公称直径；

材料为铸铁时，$b_m = 1.25d$ 或 $1.5d$；

材料为铝时，$b_m = 2d$。

按上式计算出螺钉的公称长度，还应根据螺钉的标准公称长度系列，选取公称长度值。

紧定螺钉用于防止两零件之间发生相对运动的场合。例如，为防止轴和轮毂的轴向相对运动，将锥端紧定螺钉旋入轮毂，使螺钉端部 90° 顶角与轴上 90° 锥坑压紧，从而固定轴和轮毂的相对位置。

3）双头螺柱连接

双头螺柱连接常用于被连接件之一太厚而不能加工成通孔的情况。双头螺柱两端都有螺纹，其中一端全部旋入被连接件的螺孔内，称为旋入端，旋入端长度用 b_m 表示；另一端穿过另一被连接件的通孔，加上垫圈，旋紧螺母，如图 5-32（a）所示。其中垫圈多采用弹簧垫圈，它依靠弹性增加摩擦力，防止螺母因受振动松开。

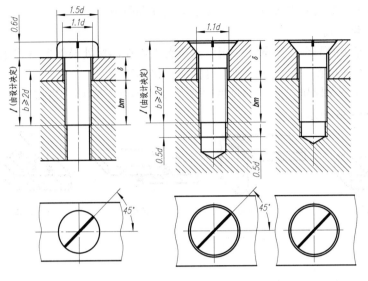

(a) 开槽圆柱头螺钉连接　　(b) 开槽沉头螺钉连接　(c) 不画出钻孔深度的螺钉连接

图 5-31　螺钉连接装配图

如图 5-32（b）所示，双头螺柱旋入端长度 b_m 应全部旋入螺孔内（旋入端的螺纹终止线应与被连接零件接触面平齐），故螺孔的深度应大于旋入端长度，一般取 $b_m+0.5d$。d 为双头螺柱的螺纹公称直径，b_m 由带螺孔的被连接零件的材料决定，取值方法同螺钉连接。b_m 根据国标规定有四种长度：

$b_m = d$（GB/T 897—1988）　　　　　$b_m = 1.25d$（GB/T 898—1988）

$b_m = 1.5d$（GB/T 899—1988）　　　$b_m = 2d$（GB/T 900—1988）

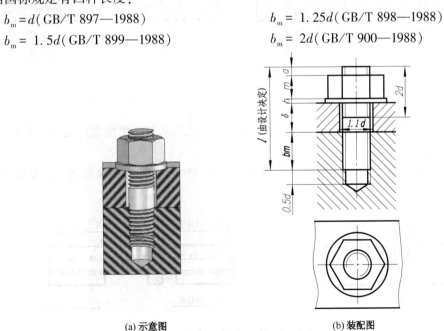

(a) 示意图　　　　　　　(b) 装配图

图 5-32　双头螺柱连接

二、焊接

焊接是化工设备主要的连接方法，化工设备图中焊缝的画法应符合机械制图国家标准，其标注内容应包括接头形式、焊接方法、焊接结构尺寸和数量。

1. 常见焊接结构形式

焊接是将需要连接的两个金属部件，用电弧或者火焰在连接处局部加热熔化，同时填充熔化金属使其熔合而连接在一起，是一种不可拆的连接结构。

焊接的熔合部分形成焊接接头，常见的焊接接头有对接、角接、搭接和 T 形接头等四种基本形式，如图 5-33 所示。

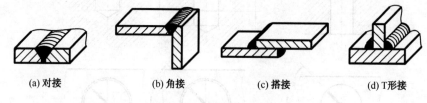

(a) 对接　　　　　(b) 角接　　　　　(c) 搭接　　　　　(d) T形接

图 5-33　焊接接头形式

2. 焊接坡口

为保证焊接质量，需在焊接的连接处预制成各种形状的坡口，如图 5-34 所示，其中 V 形坡口在对接接头中采用最多。

以对接接头的 V 形坡口为例，说明坡口的作用与组成，由图 5-34(c) 可知，坡口主要由三部分组成：钝边高度 p、根部间隙 b 和坡口角度 α。钝边高度是为了防止焊接时焊穿焊件，根部间隙是为了保证两个焊件焊透，坡口角度的存在可使焊条能深入焊件的底部。

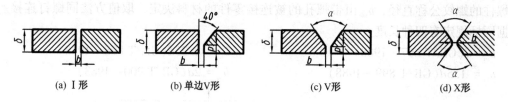

(a) I 形　　　　　(b) 单边V形　　　　　(c) V形　　　　　(d) X形

图 5-34　对接接头坡口形式

3. 焊缝的规定画法

在视图中，可见焊缝用细栅线(允许徒手绘制)表示，也允许用粗实线表示，但同一图样中，只允许采用一种表达方法。

在剖视图或断面图中，焊缝的剖面线可用交叉的 45°细实线或者涂黑表示，如图 5-35 所示。

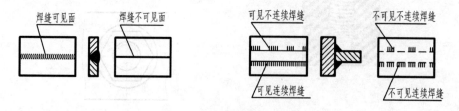

焊缝可见面　　焊缝不可见面　　　　可见不连续焊缝　　　　不可见不连续焊缝

可见连续焊缝　　　　不可见连续焊缝

图 5-35　焊缝的规定画法

4. 焊缝的标注

焊缝代号由基本符号和指引线组成，必要时可以加上辅助符号、补充符号、焊接方法的数字代号和焊缝的尺寸符号。

1）基本符号

基本符号是表示焊缝横断面形状的符号，它采用近似于焊接断面形状的符号表示，用粗实线绘制，表5-2列出了常用焊缝的基本符号。

表5-2　焊缝的基本符号（摘自 GB/T 324—2008）

类　别	名　称	符　号	示意图	图　示	标注示例	说　明
基本符号	I 形焊缝	‖				焊缝在接头的箭头侧，基本符号标在基准线的实线一侧
	带钝边V 形焊缝	Y				
	V 形焊缝	∨				焊缝在接头的非箭头侧，基本符号标在基准线的虚线一侧
	单边V 形焊缝	V				
	带钝边U 形焊缝	Y				
	角焊缝	◺				标注对称焊缝和双面焊缝时，可不画虚线

2）辅助符号和补充代号

焊缝的辅助符号是表示焊缝表面形状特点的符号，用粗实线绘制；焊缝的补充符号是为了补充说明焊缝某些特征而采用的符号。表5-3列出了常用焊缝的辅助代号和补充符号。

表5-3　焊缝的辅助代号和补充符号（摘自 GB/T 324—2008）

类　别	名　称	符　号	示意图	图　示	标注示例	说　明
辅助符号	平面符号	—				焊缝表面平齐
	凹面符号	⌣				焊缝表面凹陷
	凸面符号	⌢				焊缝表面凸起

续表

类　别	名　称	符　号	示意图	图　示	标注示例	说　明
补充符号	三面焊缝符号	⊏				工件三面有焊缝
	周围焊缝符号	○				在现场沿工件周围施焊
	现场符号	▸				

3）焊接方法的数字代号

常用的焊接方法有电弧焊、接触焊、电渣焊和钎焊等，其中电弧焊应用最为广泛。表 5-4 列出了常用焊接方法的数字代号。

表 5-4　常用焊接方法数字代号（摘自 GB 5185—2008）

焊接方法	数字代号	焊接方法	数字代号	焊接方法	数字代号
电弧焊	1	气焊	3	电渣焊	71
手工电弧焊	111	氧-乙炔焊	311	激光焊	751
埋弧焊	12	氧-丙烷焊	312	电子束焊	76
等离子弧焊	15	压焊	4	硬钎焊	91
电阻焊	2	摩擦焊	42	软钎焊	92
点焊	21	超声波焊	41	烙铁软钎焊	952

4）焊缝标注的指引线

焊缝的指引线一般由箭头线和两条基准线组成。箭头线用细实线绘制并指向焊缝处。两条基准线一条为实线，另一条为虚线，基准线一般应与图样的标题栏平行。实基准线的一端与箭头相连，必要时，实基准线线的另一端画出尾部，以标注其他附加内容，如图 5-36 所示。当位置受限时，允许将箭头线折弯一次。

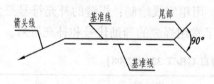

图 5-36　焊缝的指引线

5）焊缝尺寸的标注格式

焊缝的尺寸符号是用字母表示焊缝的尺寸要求，当需要注明焊缝的尺寸时才标注。焊缝尺寸符号的含义见表 5-5，其中 p、H、K、h、S、R、c、d 为表示焊缝横截面的尺寸数据，标注在基本符号的左侧；b 标在基本符号的上侧或则下侧；l、e、n 为表示焊缝长度方向的数据，标在基本符号的右侧；N 标在尾部符号处。具体标注格式如图 5-37 所示。

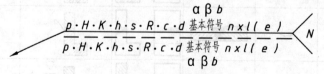

图 5-37　焊缝的尺寸符号标注格式

表 5-5　焊缝的尺寸符号及标注(摘自 GB/T 324—2008)

符 号	名 称	示意图	符 号	名 称	示意图
p	钝边		b	根部间隙	
H	坡口深度		α	坡口角度	
K	焊角高度		β	坡口面角度	
h	余高		l	焊缝长度	
S	焊缝有效厚度		e	焊缝间距	
R	根部半径		n	焊缝段数	
c	焊缝宽度		N	相同焊缝数量	
d	点焊：熔核直径 塞焊：孔径		δ	工件厚度	

6) 焊缝标注示例

焊缝代号标注示例见图 5-38。单一焊接方法的标注如图 5-38(a)所示，表示该焊缝为手工电弧焊，焊角高度为 6mm 的角焊缝；图 5-38(b)所示为组合焊接方法获得的焊缝，即一个焊接接头采用两种焊接方法，该焊缝表示先用等离子弧焊打底，再用埋弧焊盖面；图 5-38(c)所示焊缝代号的意义为：一处为用埋弧焊形成的带钝边的 V 形焊缝在箭头一侧，钝边高度为 2mm，根部间隙为 2mm，坡口角度为 60°，另一处为用手工电弧焊形成的连续对称角焊缝，焊角高度为 3mm；图 5-38(d)表示的焊缝为用埋弧焊形成的带钝边的 U 形连续焊缝在非箭头侧，钝边高度和根部间隙均为 2mm。

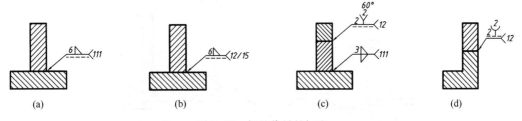

图 5-38　焊缝代号的标注

5. 化工设备焊缝的表示

由于焊接具有强度高、工艺简单等优点，化工装备中零部件的制造及其装配广泛采用了焊接方法。为了保证焊接质量，在选用焊接接头时，应合理选择坡口角度、钝边高、根部间隙等结构尺寸，以利于坡口加工及焊透，并减少各种焊接缺陷产生的可能性。化工设备的焊缝示例如图 5-39 所示。

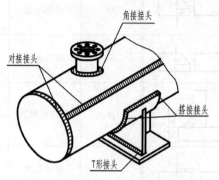

图 5-39　化工设备的焊缝示例

1）焊缝的画法与标注

化工设备中焊缝的画法按照其重要程度一般分为以下两种。

对于第一类压力容器及其他常压、低压设备，一般可直接在视图中按焊缝的规定画法绘制，即剖视图中的焊缝按接头形式画出焊缝断面，断面可涂黑表示，视图中焊缝可省略不画，图中可不标注，但需在技术要求中对焊接接头的设计标准、焊条型号、焊缝质量要求进行说明。

对于第二、三类压力容器及其他高压设备上重要的或者非标准形式的焊缝，需要用局部放大的剖面图(又称节点放大图)表达其结构形状和尺寸，如图 5-40 所示。对于这类压力容器，应画出筒体与封头、带补强圈的接管与筒体、筒体与管板、筒体与裙座等焊接的节点放大图。视图上的焊缝仍按照规定画法画出。

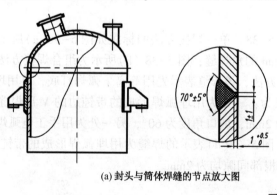

(a) 封头与筒体焊缝的节点放大图

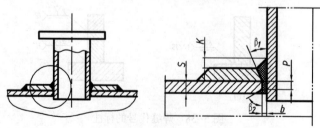

(b) 补强圈与筒体焊缝的节点放大图

图 5-40　焊缝的节点放大图

2）焊接图画法示例

图 5-41 所示为化工设备常用支座的焊接图，从图中可知，支座的主要材料为钢板，采用焊接方法制造。

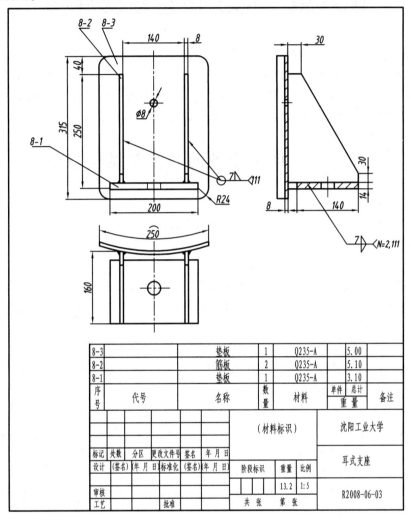

8-3		垫板	1	Q235-A		5.00	
8-2		筋板	2	Q235-A		5.10	
8-1		垫板	1	Q235-A		3.10	
序号	代号	名称	数量	材料	单件 重量	总计	备注

标记	处数	分区	更改文件号	签名	年 月 日	（材料标识）		沈阳工业大学
设计	(签名)	年 月 日	标准化	(签名)	年 月 日	阶段标识	重量	比例	耳式支座
审核							13.2	1:5	R2008-06-03
工艺			批准			共 张 第 张		

图 5-41　支座焊接图

第六章 化工设备零部件图

化工设备是指用于化工生产单元操作(如合成、分离、过滤、吸收等)的装置和设备。化工设备的种类很多,常用的典型化工设备有容器反应罐(釜)、塔器、换热器等,它们是化工生产的重要技术装备。化工设备图是用来表示化工设备结构形状、技术特性、各零部件之间的装配关系以及必要的尺寸和制造、检验等技术要求的图样。

第一节 化工设备的分类及结构特点

一、化工设备的分类

化工设备的种类很多,常用的典型化工设备有以下几类:

(1)容器 用于储存物料,形状有圆柱形、方形、球形等。

(2)反应罐(釜) 用于物料进行化学反应,或进行搅拌、沉降、换热等操作。

(3)塔器 用于吸收、精馏等化工单元操作,其高度和直径一般相差很大。

(4)换热器 用于两种不同温度的介质进行热量交换,以达到加热或冷却的目的。

二、化工设备的结构特点

各种化工设备的结构形状、大小尺寸虽不相同,但它们都具有如下结构特点:

(1)基本形体以回转体为主 设备的筒体、封头以及一些零部件的结构形状大多由圆柱、圆锥、圆球和椭球所组成。

(2)尺寸大小相差悬殊 设备的总体尺寸与某些局部结构(如壁厚、接管等)的尺寸相差悬殊。例如某储罐的总长为3550mm、直径为1200mm,而筒体壁厚却只有8mm。

(3)大量采用焊接结构 化工设备中零部件的连接广泛采用焊接的方法。例如换热器筒体与封头、接管、人孔和鞍座等的连接均是焊接。

(4)广泛采用标准化零部件 化工设备上较多的通用零部件已标准化、系列化,因此设计中一般可根据需要直接选用。

(5)较多的开孔与接管 为满足化工工艺的需要,在设备的壳体(筒体和封头)上有较多的开孔和接管,用以装配各种零部件和连接管道。

第二节 化工设备图的分类

化工设备图按照设计阶段划分,可分为基础设计图和详细设计图;按照用途划分,可分为工程图和施工图。施工图与详细设计图相同,含图纸和技术文件两部分。其中图纸包括装配图、部件图和零件图(包括表格图)、零部件图、特殊工具图、标准图(或通用图)、梯子平台图、预焊件图、管口方位图等;技术文件包括技术要求、计算书、说明书及图纸目录等。本书重点介绍施工图纸的有关规定。

1. 装配图

装配图是表示设备的组成和特性的图样，它表达设备各主要部分的结构特征、装配关系和连接关系、特征尺寸、外形尺寸、安装尺寸及装配尺寸、技术要求等。

2. 部件图

部件图是表示可拆或者不可拆部件的结构、尺寸以及所属零件之间的关系、技术特性和技术要求等资料的图样。

3. 零件图

零件图是表示零件的形状结构、尺寸、技术要求等资料的图样。

4. 零部件图

零部件图是由零件图和部件图组成的图样。

5. 表格图

表格图是用表格表示多个形状相同、尺寸不同的零件的图样。

6. 特殊工具图

特殊工具图是表示设备安装、试压和维修时使用的特殊工具的图样。

7. 标准图(或通用图)

标准图是指国家有关部门和各设计单位编制的化工设备上常用零部件的标准图样。

8. 梯子平台图

梯子平台图是表示支承于设备外壁的梯子、平台结构的图样。

9. 预焊件图

预焊件图是表示设备外壁上保温、梯子、平台、管线支架等安装前在设备外壁上需要预先焊接的零件的图样。

10. 管口方位图

管口方位图是表示设备管口、支耳、吊耳、人孔、吊柱等方位的图样。

11. 技术要求

技术要求是表示设备在制造、试验、检验和验收时应遵循的条款和文件。

12. 计算书

计算书是表示设备强度、刚度等的计算文件。

13. 说明书

说明书是表示设备结构原理、技术特性、制造、安装、运输、使用、维修及其他需说明的文件。

14. 图纸目录

图纸目录是表示每台设备的图纸及技术文件的全套设计文件的清单。

第三节　化工设备通用零部件

化工设备零部件的种类和规格很多，可分为两类，一是通用零部件，二是典型化工设备的常用零部件。

图 6-1 为一化工设备的示意图。化工设备常使用的零部件有筒体、封头、支座、法兰、人(手)孔、视镜、液面计和补强圈等，为了便于设计、制造和检验，这些零部件多数已标

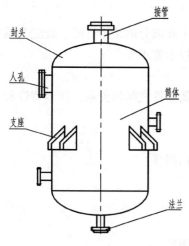

图 6-1　化工设备的示意图

准化、系列化，并在相应的化工设备上通用。熟悉这些零部件的基本结构以及有关标准，有助于化工设备图的绘制和阅读。本书附录四中引入部分零部件的尺寸系列标准，供参考。

一、筒体

筒体是化工设备的主体，一般由钢板卷焊而成，当直径小于 500mm 时，可以直接使用无缝钢管。筒体的公称直径一般指筒体内径，使用无缝钢管时公称直径是指外径。当筒体较长时，可用法兰连接或以多个筒节焊接而成。

筒体的主要尺寸是直径、高度、壁厚。筒体直径应符合 GB/T 9019—2001《压力容器公称直径》中所规定的尺寸系列，见表 6-1。内压筒体壁厚可参见附录四中的附表 4-1。

表 6-1　压力容器公称直径(摘自 GB/T 9019—2001)　　　　mm

钢板卷焊(内径)										
300	350	400	450	500	550	600	650	700	750	800
850	900	950	1000	1100	1200	1300	1400	1500	1600	1700
1800	1900	2000	2100	2200	2300	2400	2500	2600	2700	2800
2900	3000	3100	3200	3300	3400	3500	3600	3700	3800	3900
4000	4100	4200	4300	4400	4500	4600	4700	4800	4900	5000
5100	5200	5300	5400	5500	5600	5700	5800	5900	6000	
无缝钢管(外径)										
159	219	273	325	377	426					

标记示例：

公称直径 1000mm、壁厚 10mm、高 2000mm 的筒体，其标记为

筒体 *DN* 1000×10 *H*=2000

二、封头

封头是设备的重要组成部分，它与筒体一起构成设备的壳体。封头与筒体的连接方式有两种：一种为封头与筒体焊接，形成不可拆卸的连接；另一种为封头与筒体分别焊上容器法兰，用螺栓和螺母连接，形成可拆卸的连接。

封头的型式多种多样，常见的有球形、椭圆形、碟形、锥形及平板形，见图 6-2，其中标准椭圆形封头 JB/T 4746—2002《钢制压力容器用封头》的规格和尺寸可参见附录四中的附表 4-3。标准椭圆形封头尺寸包括封头的公称直径、厚度、直边高度和总高。当筒体为钢板卷焊而成时，与之相对应的椭圆形封头的公称直径为封头内径；当用无缝钢管作筒体时，相对应封头的公称直径为封头外径。

标记示例：

公称直径为 1000mm、壁厚为 10mm 的椭圆形封头，其标记为

封头 EHA 1000×10 JB/T 4746—2002

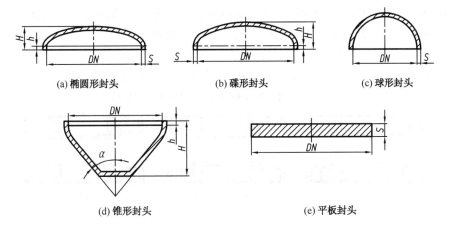

(a) 椭圆形封头　　　　(b) 碟形封头　　　　(c) 球形封头

(d) 锥形封头　　　　　　　　(e) 平板封头

图 6-2　常见封头结构

三、法兰

法兰是法兰连接中的一种主要零件。法兰连接是由一对法兰、密封垫片和螺栓、螺母、垫圈等零件组成的一种可拆卸连接，见图 6-3。

化工设备用的标准法兰有管法兰和容器法兰。标准法兰设计的主要参数是公称直径（DN）、公称压力（PN）和密封面型式。

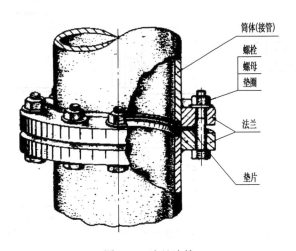

图 6-3　法兰连接

1. 管法兰

管法兰主要用于管道之间或者化工设备上的接管与管道之间的连接，管法兰的公称直径为所连接管子的通径。管法兰按其与管子的连接方式可分为平焊法兰、对焊法兰、螺纹法兰和活动法兰等多种，见图 6-4。法兰密封面主要有突面（RF）、凹凸面（MFM）和榫槽面（TG）等型式，见图 6-5。

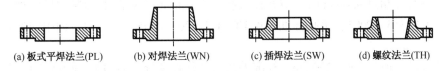

(a) 板式平焊法兰(PL)　　(b) 对焊法兰(WN)　　(c) 插焊法兰(SW)　　(d) 螺纹法兰(TH)

图 6-4　管法兰结构类型

常用标准为 HG 20592～20635—2009《钢制管法兰、垫片、紧固件》，附录四中的附表 4-4～附表 4-6 列出了板式平焊钢制管法兰的部分尺寸系列。

标记示例：

公称直径为 100mm、公称压力为 2.5MPa 的突面带颈平焊管法兰，其标记为

法兰 SO100-2.5RF HG/T 20592—2009

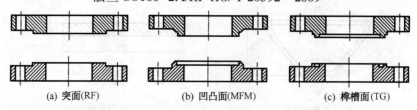

(a) 突面(RF)　　　　　(b) 凹凸面(MFM)　　　　　(c) 榫槽面(TG)

图 6-5　管法兰密封面型式

2. 容器法兰

容器法兰用于设备筒体与封头的连接，分为甲型平焊法兰、乙型平焊法兰和长颈对焊法兰三种。其密封面形式有平面、凸凹面和榫槽面三种，如图 6-6 所示。

其标准为 JB/T 4700～4707—2000《压力容器法兰》，附录四中的附表 4-7 列出了甲型平焊法兰的部分尺寸系列。

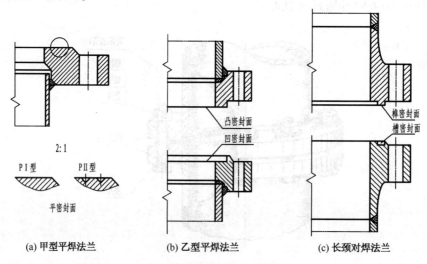

(a) 甲型平焊法兰　　　　　(b) 乙型平焊法兰　　　　　(c) 长颈对焊法兰

图 6-6　容器法兰的结构

四、手孔与人孔

为了便于安装、拆卸、清洗和检修设备的内部结构，在设备上常开设人孔和手孔。人孔和手孔的结构基本相同，通常在容器上接一短筒节，法兰上盖一人（手）孔盖，见图 6-7。

当设备直径超过 900mm 时，应开设人孔，人孔的形状有圆形和椭圆形两种，人孔标准参见 HG/T 21515—2005，手孔标准参见 HG/T 21530—2005，详见附录四中的附表 4-11～附表 4-14。

手孔直径一般为 150～250mm，标准手孔的公称直径分为 DN150 和 DN250 两种。

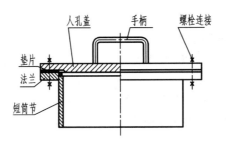

图 6-7　人孔基本结构

标记示例：

公称直径为 450mm，采用 2707 耐酸、碱橡胶板垫片的常压人孔，其标记为

人孔（R·A-2707）450 HG/T 21515—2005

公称压力为 1.0MPa，公称直径为 250mm，手孔高度为 190mm，RF 型密封面，采用Ⅲ类材料，垫片采用石棉橡胶板的带颈平焊法兰手孔，其标记为

手孔 RFⅢ（A·G）250-1.0 HG/T 21530—2005

五、支座

设备的支座用以支承设备的质量和固定设备的位置，有立式设备支座、卧式设备支座和球形设备支座三种。下面介绍两种常用的标准化支座：耳式支座和鞍式支座。

1．耳式支座

耳式支座广泛用于立式设备，如图 6-8 所示。耳式支座由两块肋板和一块底板组成，为改善支承处的局部应力，在支座和设备之间往往加一垫板，底板搁在楼板或者钢梁等基础上，底板上开有螺栓孔用螺栓固定设备。在设备周围一般均匀分布四个耳式支座，安装后设备呈悬挂状。小型设备也有用两个或三个支座的。

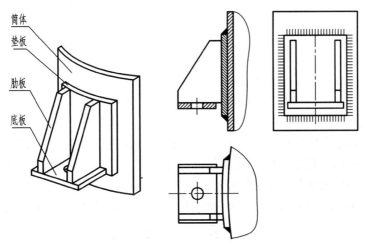

图 6-8　耳式支座结构

耳式支座有 A 型、B 型和 C 型三种结构。A 型为短臂，B 型为长臂，C 型为加长臂，根据有无保温层和保温层厚度不同选取。耳式支座的设计标准是 JB/T 4712—2007《耳式支座》，参见附录四中的附表 4-8。

标记示例：

A 型、3 号耳式支座，其标记为

$\qquad$ JB/T 4712.3—2007 耳式支座 A3- I（I 表示材料代号）

2. 鞍式支座

鞍式支座广泛用于卧式设备，其结构如图 6-9 所示，由一块鞍型垫板、筋板、底板及腹板组成。卧式设备一般用两个鞍式支座支承，当设备较长或较重，并且超出支座的支承范围时，应增加支座数目。

标准鞍式支座(JB/T 4712.1—2007)分为 A 型(轻型)和 B 型(重型，按照包角、制作方式及附带垫板情况分为五种型号，其代号为 B I ~ B V)。每种类型的鞍座又分为 F 型(固定型)和 S 型(滑动型)。F 型和 S 型的最大区别在于地脚螺栓孔，F 型是圆形孔，S 型是长圆孔。两者成对使用，目的是在设备遇热胀冷缩时，滑动支座可以调节两支座之间的距离，不致于产生附加应力。

标准鞍式支座的规格和尺寸系列参见附录四中的附表 4-9。

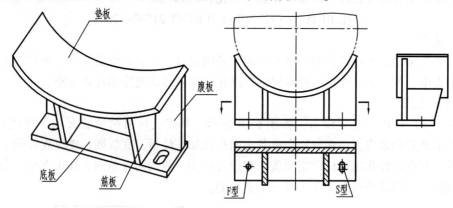

图 6-9　鞍式支座结构

标记示例：

公称直径为 1200mm，轻型(A 型)、滑动(S 型)鞍式支座，其标记为

$\qquad$ JB/T 4712.1—2007 鞍式支座 A1200-S

六、补强圈

补强圈用于加强壳体开孔过大处的强度，其结构如图 6-10 所示。补强圈厚度和材料一般都与设备壳体相同，其形状应与被补强部分相符合，它与壳体的连接情况如图 6-10 所示。补强圈上有一螺纹小孔，称为信号孔，用于焊接后通入压缩空气，检查焊缝的气密性。补强圈标准参见 JB/T 4736—2002，补强圈结构及尺寸参见附录四中的附表 4-10。

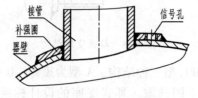

图 6-10　补强圈结构

标记示例：

厚度为 8mm、接管公称直径为 100mm、坡口类型为 B 型的补强圈，其标记为

补强圈 $DN100×8-B$ JB/T 4736—2002

除上述几种常用的标形化零部件外，还有视镜和液面计等零件，其有关数据可查阅相关标准。

第四节　化工设备常用零部件

在化工设备中，除上节介绍的通用零部件外，还有一些常用零部件，本节重点介绍换热器、塔器和搅拌器等设备中的部分常用零部件。

一、换热器中常用零部件

换热器是石油化工生产中的重要化工设备之一，是用来完成各种不同的换热过程的设备。管壳式换热器是应用最广泛的一种，有固定管板式、浮头式、填函式、U 形管式等型式，它们的结构均由前端管箱、壳体和后端结构(包括管束)三部分组成，图 6-11 为一固定管板式换热器的结构。

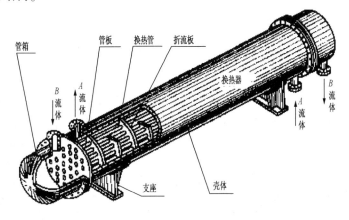

图 6-11　固定管板式换热器的结构

下面对管壳式换热器的中的管箱、管板、折流板等零部件进行介绍。

1. 管箱

管箱位于壳体式换热器的两端，其作用是把从管道输送来的流体均匀地分布到各换热管中以及把换热管中的流体汇集在一起送出换热器，在多管程换热器中管箱还起着改变流体流向的作用，常见管箱基本结构如图 6-12 所示。管箱部件通常由封头、短节、容器法兰、接管及接管法兰和隔板等组成。

2. 管板

管板是管壳式换热器的主要零件之一。绝大多数管板是圆形平板，如图 6-13(a)所示。管板上开有许多管孔，每个管孔连接着换热管，换热管与管板的连接常采用胀接、焊接

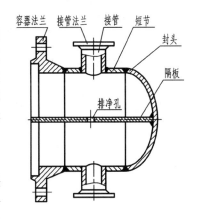

图 6-12　常见管箱结构示例

或者胀焊结合等方法。

管板上管孔的排列方式根据流向分为正三角形、转角三角形、正方形和转角正方形四种，如图 6-13(b)所示，管板上有多个螺纹孔，是拉杆的旋入孔。

管板与壳体的连接有可拆和不可拆两种方式。固定管板式换热器通常采用不可拆的焊接方式，浮头式、填料函式、U 形管式换热器与壳体采用的是可拆连接。

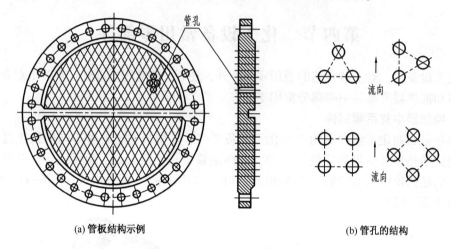

(a) 管板结构示例　　　　　　　　　　　　　　　(b) 管孔的结构

图 6-13　管板结构

3. 折流板

折流板被设置在壳程，它既可以提高传热效果，又能起到支撑管束的作用。折流板有弓形和圆盘-圆环形两种，其折流情况如图 6-14 所示。弓形折流板结构示例见图 6-15。

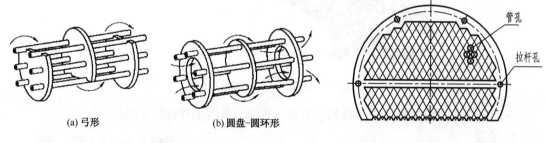

(a) 弓形　　　　　(b) 圆盘-圆环形

图 6-14　折流板的折流情况图　　　　　　图 6-15　弓形折流板的结构示例

二、塔设备中常用零部件

塔设备广泛应用于石油、化工生产中的蒸馏、吸收等传质过程。塔设备通常分为填料塔和板式塔两大类。填料塔主要由塔体、喷淋装置、填料、再分布器、栅板、气液相进出口、卸料孔、裙座等零部件组成，如图 6-16 所示。板式塔主要由塔体、塔盘、裙座、除沫装置、气液相进出口、人孔、吊柱、液面计等零部件组成，如图 6-17 所示。塔盘上的传质元件为泡罩、浮阀、筛孔时，分别称为泡罩塔、浮阀塔和筛孔塔。

下面介绍塔设备中的栅板、塔盘、浮阀、泡罩等几种常用零部件。

1. 栅板

栅板是填料塔的主要零件之一，它起着支撑填料环的作用。栅板有整块式和分块式二种，如图 6-18 所示。当栅板直径小于 500mm 时，一般使用整块式；当直径为 900~1200mm 时，可以分成三块；当直径再大时，可分成宽为 300~400mm 的更多块，以便装拆及进出人孔。

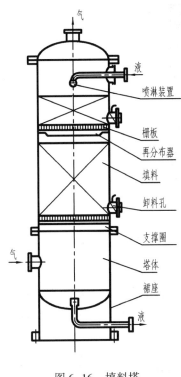

图 6-16　填料塔

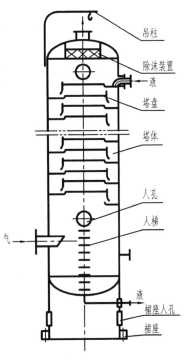

图 6-17　板式塔

2. 浮阀与泡罩

浮阀和泡罩是浮阀塔和泡罩塔的主要传质零件。

浮阀有圆盘形和条形两种，圆浮阀已经标准化。泡罩有圆形罩和条形罩两种，圆泡罩也已经标准化，其结构如图 6-19 所示。

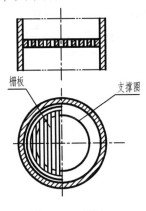

图 6-18　栅板

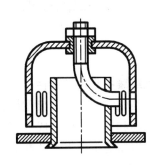

图 6-19　泡罩

3. 塔盘

塔盘是板式塔的主要部件之一，它是实现传热和传质的部件。塔盘由塔盘板、降液管及溢流堰、紧固件和支撑件等组成，如图 6-20 所示。塔盘也有整块式和分块式两种：一般塔径为 300~800mm 时，采用整块式；塔径大于 800mm 时，可采用分块式。

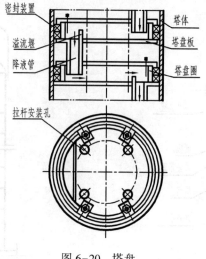

图 6-20 塔盘

4. 裙式支座

对于高大的塔设备，根据工艺要求和载荷特点，常采用裙式支座。裙式支座有两种：圆筒形和圆锥形，其结构如图 6-21 所示。圆筒形制造方便，应用较为广泛；圆锥形承载能力强，稳定性好，对于塔高和塔径之比较大的塔特别适用。

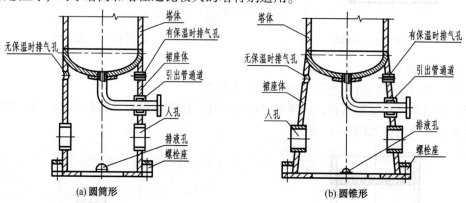

(a) 圆筒形   (b) 圆锥形

图 6-21 裙式支座

三、反应罐中常用零部件

反应罐是化学工业中的典型设备之一，它用来供物料进行化学反应。反应罐被广泛应用于医药、农药和基本有机合成、有机染料及三大合成材料等化工行业中。

搅拌反应器通常由以下几部分组成。

1. 搅拌器

搅拌器用于提高传热和传质，增加物料化学反应速率。常用的有浆式、涡轮式、推进式、框式与锚式、螺带式等搅拌器，其结构参见图 6-22。上述搅拌器大部分已经标准化，搅拌器的主要性能参数有搅拌装置的直径和轴径等。

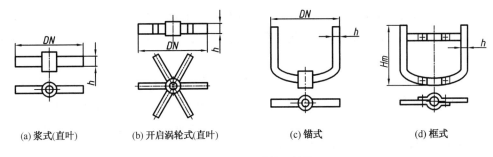

(a) 桨式(直叶)　　　(b) 开启涡轮式(直叶)　　　(c) 锚式　　　(d) 框式

图 6-22　常用搅拌器结构

2. 轴封装置

反应罐的密封形式有两种：一种是静密封，如法兰连接的密封；另一种是动密封，如轴封。反应罐中应用的轴封结构主要有两大类：填料箱密封和机械密封。

1) 填料箱密封

其结构简单，制造、安装和检修较为方便，因此应用比较广泛。填料箱密封的基本结构如图6-23 所示。填料箱密封的种类有带衬套的、带油环的和带冷却水夹套的等多种结构。标准填料箱的主体材质有碳钢和不锈钢两种，填料箱的主要性能参数有压力等级(0.6MPa 和 1.6MPa 两种) 及公称直径(DN 系列为 30mm、40mm、50mm、60mm、70mm、80mm 、90mm、100mm、110mm、120mm、130mm、140mm 和 160mm 等)。

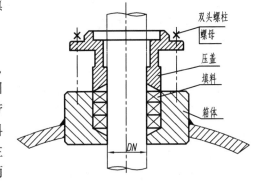

图 6-23　填料箱密封

标记示例：

公称压力为 1.6MPa、公称直径为 50 mm 的碳钢填料箱，其标记为

填料箱 *PN*1. 6 *DN*50 HG 21537. 7—1992

公称压力为 1.6MPa、公称直径为 80mm、材料为 0Cr18Ni9Ti(代号为 321)的不锈钢填料箱，其标记为

填料箱 *PN*1. 6 *DN*80/321 HG 21537. 8—1992

2) 机械密封

该密封为新型密封结构，它泄漏少、使用寿命长、轴或者轴套不受磨损、耐振性能好，常用于高、低温及易燃易爆有毒介质的场合；但是它的结构复杂，密封环加工精度要求高，装拆不方便，成本高。

机械密封的基本结构如图6-24 所示。机械密封一般有三个密封处：A 处是静环与静环座间的密封，属于静密封，通常采用各种密封圈来防止泄漏；B 处是动环与静环的密封，是机械密封的

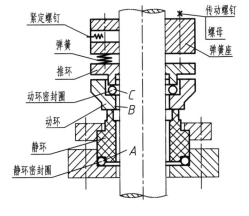

图 6-24　机械密封

关键部位，为动密封，动环与静环接触面靠弹簧给予一个合适的压紧力，使两个磨合面紧密贴合，达到密封效果；C 处是动环与轴或者轴套的密封，为静密封，常用的密封元件为 O 形环。

机械密封有多种结构，但是主要元件和工作原理基本相同。机械密封的主要性能参数有压力等级（0.6MPa 和 1.6MPa 两种）、介质情况（一般介质和易燃易爆有毒介质）、介质温度（≤80°C 和>80°C）及公称轴径（DN 系列为 30mm、40mm、50mm、60mm、70mm、80mm、90mm、100mm、110mm、120mm、130mm、140mm 和 160mm 等）。

第五节　化工设备常用零部件图

化工设备零部件图是生产中指导制造和检验零部件的主要图样。

一、零件图的主要内容

图 6-25 为 E0401 冷凝器管板的零件图，图 6-26 为 E0401 冷凝器折流板的零件图，化工设备零件图一般包含以下内容：

（1）一组视图　选用适当的表达方法，正确、清晰地表达出零件的结构形状。

（2）完整的尺寸　零件图的尺寸应正确、完整、清晰，应合理地注出制造零件所需的全部尺寸。

（3）技术要求　用规定的代号、数字、字母或者文字注解，简明准确地给出零件在制造、检验和使用时应达到的各种技术指标。

（4）标题栏　位于图框的右下角，在标题栏中注写零件的名称、比例、材料和图号等，还要注写单位名称、制图、审核和日期等必要的内容。

二、部件图的主要内容

由于设备中的许多部件是由零件焊接后，再进行机械加工而完成的产品，因此，这类部件图中既有部件加工所需要的视图和尺寸、表面粗糙度等加工技术要求，又有标明焊接部件的零件构成的明细栏。图 6-27 和图 6-28 分别为 E0401 冷凝器左、右管箱的部件图。

三、零部件的视图选择及尺寸标注

1. 化工设备的结构特点

（1）基本形体以回转体为主；

（2）尺寸大小相差悬殊；

（3）大量采用焊接结构；

（4）广泛采用标准化零部件；

（5）具有较多的开孔与接管。

2. 视图的表达

1）基本视图

由于化工设备的主体结构多为回转体，其基本视图常采用两个视图来表达零部件的主体结构形状，如图 6-25 所示的管板零件图和图 6-27 所示的左管箱部件图。

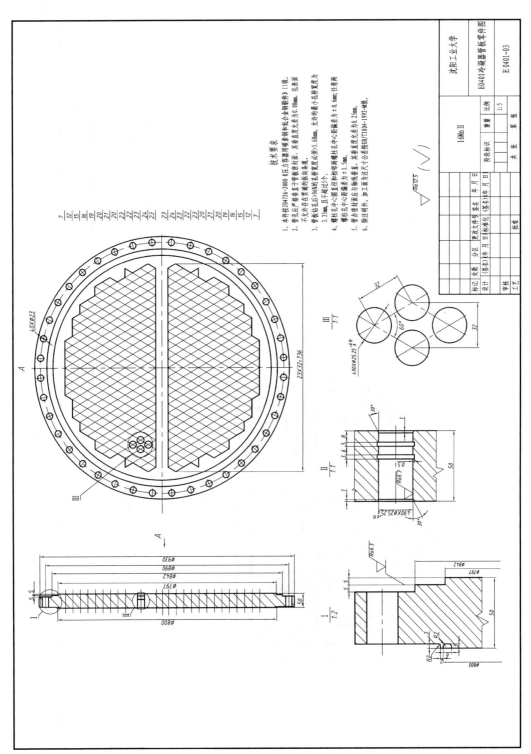

图 6－25　管板零件图

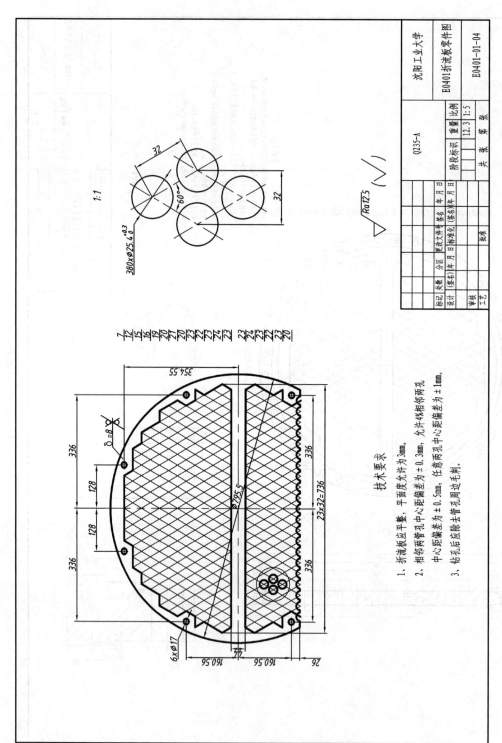

技术要求

1. 折流板应平整，平面度允许为3mm。
2. 相邻两管孔中心距偏差为±0.3mm，允许4处相邻两孔
   中心距偏差为±0.5mm，任意两孔中心距偏差为±1mm。
3. 钻孔后应除去管孔周边毛刺。

图 6-26 折流板零件图

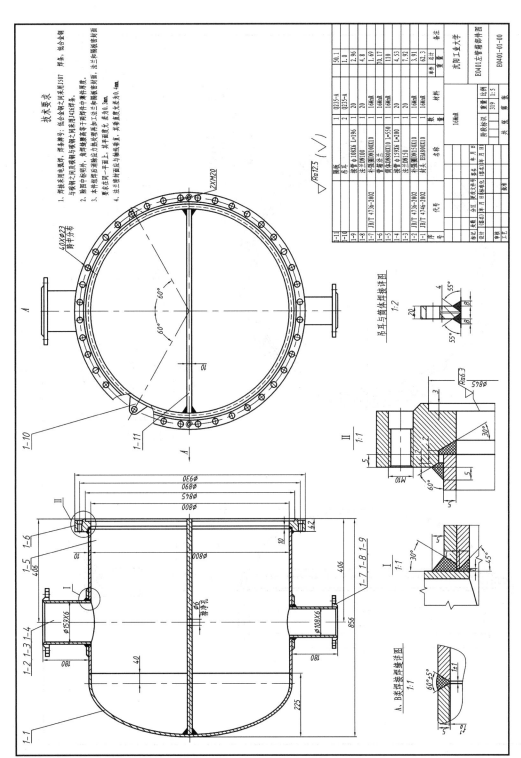

图 6－27 左管箱部件图

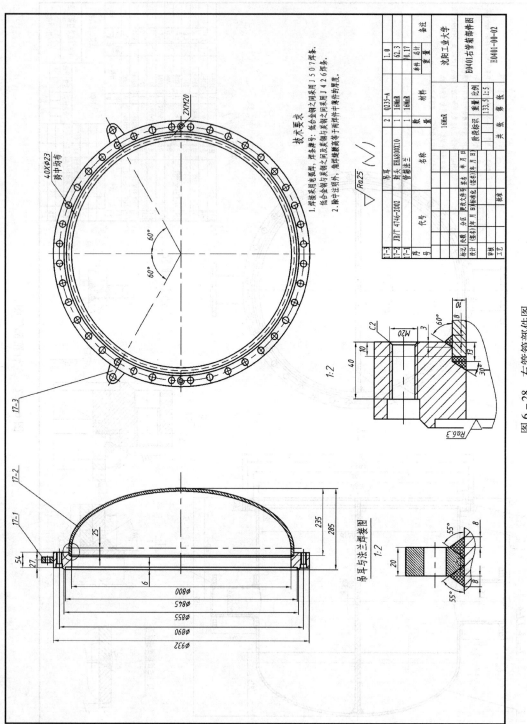

图 6 - 28　右管箱部件图

2）细部结构的表达

由于化工设备各部分尺寸相差悬殊，按照总体尺寸选定的绘图比例，往往无法将细部结构同时表达清楚，因此，化工设备图中较多地采用局部放大和夸大画法来表达细部结构并标注尺寸。

局部放大图也称节点详图，可按照规定比例画图，也可不按照比例画图，但都需要注明，例如图 6-25 中的三处局部放大图。

细小结构可以适当采用夸大画法表示，如筒体壁厚及垫片等较小结构均可采用夸大画法适当放大表示。

3. 尺寸标注

化工设备的尺寸标注除了要遵守《机械制图》中的相关规定外，还要结合化工设备的结构特点，做到正确、完整、清晰和合理，以满足化工设备设计、制造、检验和安装的需要。

下面介绍常见典型结构的尺寸标注。

1）筒体的尺寸标注

对于钢板卷焊的筒体，一般标注内径、壁厚和高度(长度)；对于使用无缝钢管的筒体，一般标注外径、壁厚和高度(长度)。筒体的尺寸标注如图 6-29(a)所示。

2）封头的尺寸标注

一般标注其公称直径、厚度和直边高和总高，如图 6-29(a)所示。

3）接管的尺寸标注

接管的尺寸标注一般要标注接管直径、壁厚及接管的伸出长度。如果接管为无缝钢管，则一般标注外径×壁厚。接管的伸出长度，一般标注管法兰端面到接管中心线和相接零件外表面的交点距离，如图 6-29(b)所示。

4）填充物的尺寸标注

设备中的瓷环、浮球等填充物，一般要标注出总体尺寸及填充物规格尺寸。

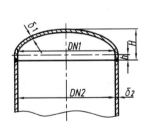 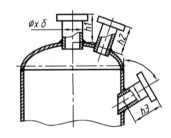

图 6-29　典型结构的尺寸标注

四、技术要求

零件图上应注明零件在制造和检验时应达到的技术要求，包括表面粗糙度、公差与配合、形位公差及热处理等。其中有些应按照国家标准规定的相关符号和方法在视图上进行标注，如表面粗糙度、公差与配合、形位公差等，有些则需要在"技术要求"中用文字加以说明。

1. 表面粗糙度

1）基本概念

化工设备图中常用的参数为轮廓算术平均偏差 R_a，GB/T 3505—2000 中规定了轮廓参数的定义，不同表面粗糙度的值及加工方法见表 6-2。

表 6-2 　R_a 的值与加工方法

$R_a/\mu m$	主要加工方法	$R_a/\mu m$	主要加工方法
50	粗车、粗铣、粗刨、钻、粗纹锉刀、粗砂轮加工等	0.8	精车、精铰、精拉、精镗、精磨等
25		0.40	
12.5	粗车、刨、立铣、平铣、钻等	0.20	
6.3		0.10	研磨、抛光、超级精细研磨等
3.2	精车、精铣、精刨、铰、镗、粗磨等	0.05	
1.6		0.025	
		0.012	
		0.006	

2）表面粗糙度符号

　　表面粗糙度的基本符号画法如图 6-30 所示，其中 $H_1 = 1.4h$，h 为图纸中数字的高度，$H_2 > 2h$，d' 为笔画宽度，一般取 1/10 的字高。表面粗糙度的符号和意义见表 6-3。

表 6-3 　表面粗糙度的符号和意义

符号名称	符　号	含　　义
基本图形符号		基本符号
扩展图形符号		表示指定表面是用去除材料方法获得的
		表示指定表面是用不去除材料方法获得的或是用于保持原供应状态的表面
完整图形符号	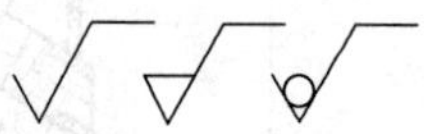	符号上面加一横线，用于标注表面结构特征的结构信息
各表面图形符号	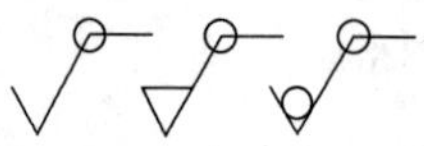	完整符号上加一圆圈，表示图样某视图上构成封闭轮廓的各表面具有相同的表面结构要求

3）表面粗糙度的标注

　　表面粗糙度符号应标注在可见轮廓线上、尺寸线上（在不至于引起误解时）或它们的延长线上，或者几何公差方格的上方，符号尖端由外部指向表面，在同一张图上，每一个表面标注一次。

　　表面粗糙度符号注写和读取方向与尺寸的注写与读取方向一致，如图 6-31 所示。

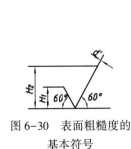

图6-30　表面粗糙度的
基本符号

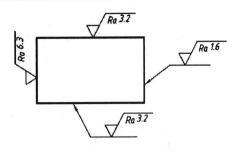

图6-31　表面粗糙度代号的标注方法

2. 公差与配合

1) 基本概念

在零件的批量大生产中，要求同一规格的零件不经过任何挑选和修配，就可以顺利地装配到有关部件或机器上，并能满足使用要求，零件的这种性质称为互换性。

为了保持互换性和制造零件的需要，国家标准 GB/T 1800.1—2009 规定了尺寸公差的标准，即标准公差分为 20 个等级，分别为 IT01，IT0，IT1，…，T18，IT 表示公差，数字表示等级。国家标准规定了轴和孔各有 28 个基本偏差，如图 6-32 所示。公差带的组成见图 6-33。

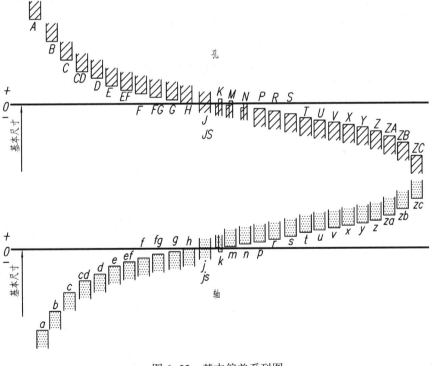

图6-32　基本偏差系列图

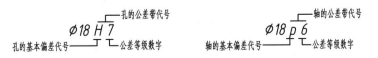

图6-33　公差带的组成

2）公差与配合在图样上的标注

公差与配合代号要在零件图或装配图上注出。配合代号在装配图上的标注如图 6-34（a）所示。公差带代号在零件图上的标注有三种形式，分别如图 6-34（b）、6-34（c）和 6-34（d）所示。

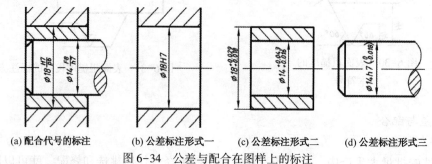

(a) 配合代号的标注　　(b) 公差标注形式一　　(c) 公差标注形式二　　(d) 公差标注形式三

图 6-34　公差与配合在图样上的标注

3. 形状和位置公差

形状和位置公差简称形位公差，是指零件的实际形状和实际位置对理想形状和理想位置的允许变动量。对要求较高的零件，则根据设计要求，在零件图上标注出有关的形状和位置公差。国家标准 GB/T 1182—2008 规定了形位公差的标注方法。

形位公差代号包括：形位公差特征项目及符号（见表 6-4）、框格及指引线、形位公差数值、其他有关符号以及基准代号等，如图 6-35 所示，框格中字体的高度 h 与图样中的尺寸数字等高。形位公差的标注示例如表 6-5 所示。

表 6-4　形位公差特征项目及符号

公　　差		特征项目	符　　号	有或无基准要求
形状	形状	直线度	—	无
		平面度	▱	无
		圆度	○	无
		圆柱度	⌀	无
形状或位置	轮廓	线轮廓度	⌒	有或无
		面轮廓度	⌓	有或无
位置	定向	平行度	//	有
		垂直度	⊥	有
		倾斜度	∠	有
	定位	位置度	⊕	有或无
		同轴（同心）度	◎	有
		对称度	=	有
	跳动	圆跳动	↗	有
		全跳动	↗↗	有

(a) 形位公差　　　　　　　　　　　(b) 基准符号

图 6-35　形位公差代号

表 6-5　形状和位置公差的标注图例

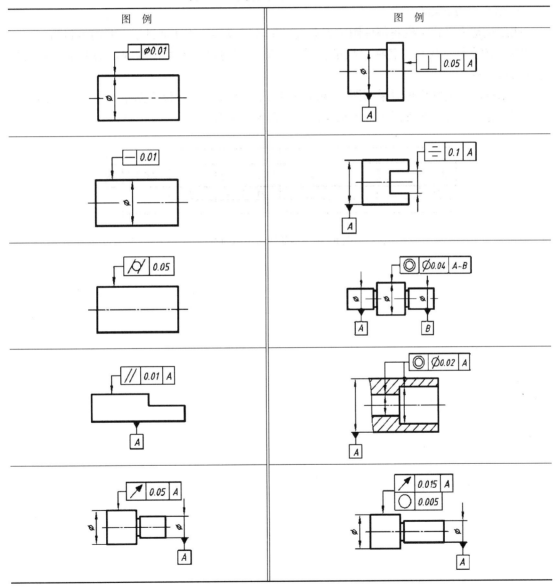

对于有些技术要求如零件的热处理，以及零件在制造和检验时遵守的相关标准和要求等内容，需要在"技术要求"中用文字说明。技术要求的文字部分应放置在标题栏或者明细栏的上方或者左侧，对于化工设备装配图来说，要放置在技术特性表的上方或者标题栏的左

侧。在注写"技术要求"四个字时，其字号要比下面具体内容的文字字号大一号。

五、零部件序号、明细栏和标题栏

1. 零部件序号编写

为了便于看图和图样管理，设备部件图和装配图中所画的零部件必须编写序号，零部件序号的编排形式与机械装配图基本相同。序号一般都从主视图左下方开始，顺时针或者逆时针方向连续编号，整齐排列，序号的字号一般比尺寸标注的字号大一号。

在部件图中，组成该部件的零件的件号由两部分组成，即二级部件的件号及零件顺序号。

2. 明细栏与标题栏

明细栏是表示化工设备部件图或者总装图中各组成部分的详细目录，其内容包括：零件（或组件）的序号、代号、名称、数量、材料、质量等内容，国家标准规定的明细栏格式参见本书第一章。

零部件图的明细栏也可采用图 6-36 所示格式。无标题栏时位于图幅右下角，有标题栏时位于标题栏上方。明细栏边框为粗实线，其余为细实线。

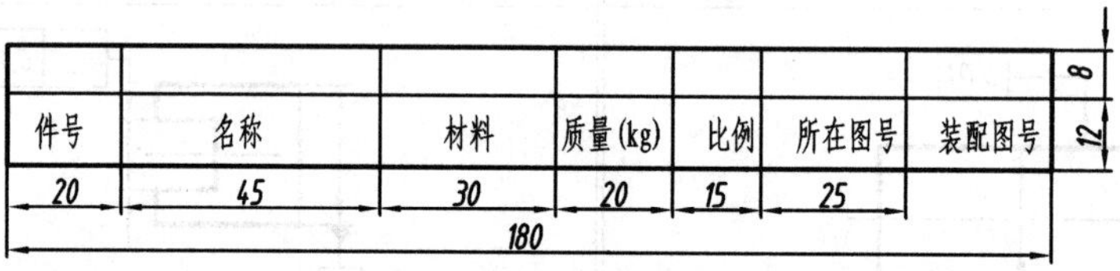

件号	名称	材料	质量(kg)	比例	所在图号	装配图号
20	45	30	20	15	25	

180

图 6-36　零部件图用明细栏

第七章　化工设备装配图

第一节　化工设备装配图的作用和内容

一、化工设备装配图的作用

在工业生产中，新设备的研制开发及旧设备或部件的改造，一般都是先设计并画出装配图，此后再根据装配图拆画出零件图。在产品的制造过程中，先按零件图加工制造出零件，然后必须根据装配图将各个零件按照装配工艺装配出机器或部件。因此，装配图是制定装配工艺流程，完成装配、设备的检验和调试等工作的技术依据。机器在使用和维修过程中，也需要通过装配图来了解机器的构造、工作原理和装配关系等。可见，装配图在产品生产过程中起着重要的作用，是指导生产的重要技术文件。

二、化工设备装配图的内容

图 7-1 为 E0401 冷凝器装配图，从图中可以看出化工设备装配图由以下内容组成。

1. 一组视图

一组视图用以表达化工设备的工作原理、各零部件之间的装配关系以及主要零件的基本结构形状。

2. 必要的尺寸

化工设备装配图上的尺寸是制造、装配、安装和检验设备的重要依据，标注尺寸时，除遵守国家标准《技术制图》与《机械制图》的规定外，还应结合化工设备的特点，做到完整、清晰、合理，以满足化工设备制造、检验和安装的要求。

3. 管口表

管口表是用以说明设备上所有管口的符号、用途、规格、连接面型式等内容的一种表格，一般位于设计数据表(技术特性表)下方。

4. 设计数据表与技术要求

设计数据表(技术特性表)是表明设备主要技术特性的一种表格，一般都放在管口表的上方。

技术要求则是用文字说明该设备在制造、检验、安装、保温、防腐蚀等方面的要求。

5. 零部件序号、明细栏和标题栏

设备装配图中零部件应进行序号的编排，序号一般都从主视图左下方开始，按照顺时针或者逆时针方向连续编号，整齐排列。此外，还需绘制并填写明细栏及标题栏等内容。

第二节　化工设备装配图的表达方法

一、多次旋转的表达方法

化工设备壳体周围分布着各种管口或零部件，它们的周向方位可在俯(左)视图中确定，其轴向位置和它们的结构形状则在主视图上采用多次旋转的方法表达。

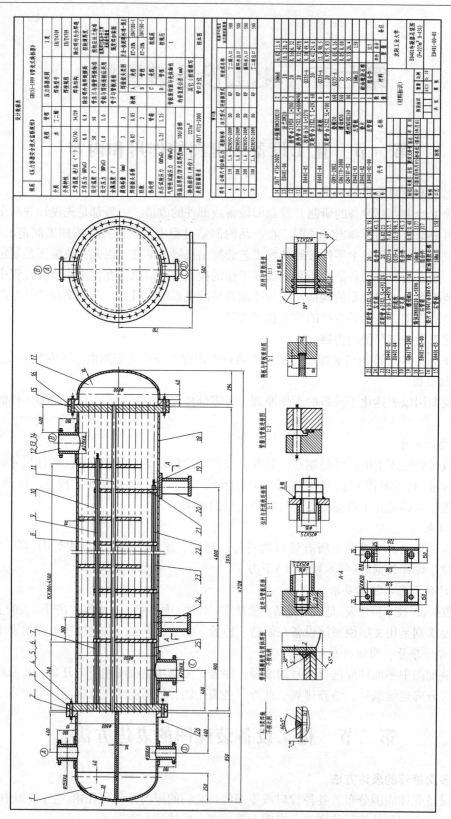

图 7 - 1　冷凝器装配图

假想将分布于设备上不同周向方位的管口及其他附件的结构，分别旋转到与主视图所在投影面平行的位置，然后进行投影，得到视图或剖视图，这种表达方法一般都不作标注。但这些结构的周向方位要以管口方位图（或俯视图）为准。如图7-2所示，图中接管液面计LG是按顺时针方向旋转30°、人孔M是按顺时针方向旋转45°、接管C是按逆时针方向旋转30°在主视图上画出的。必须注意主视图上不能出现图形重叠的现象。

二、管口方位的表达方法

化工设备上有众多的管口及其附件，它们方位的确定在制造、安装方面是至关重要的。如果它们的结构在主体视图（或其他视图）上不能表达清楚时，可采用管口方位图来表示设备的管口及其他附件的分布情况。

方位图仅以中心线表示管口位置，以粗实线示意画出设备管口，在主视图和方位图上相应管口投影旁标明相同的小写拉丁字母，如图7-3所示。当俯（左）视图能将管口方位表达清楚时，可不必画管口方位图。

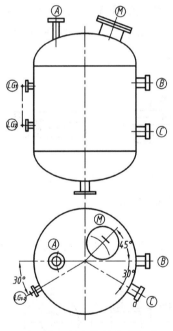

图7-2　多次旋转表达方法

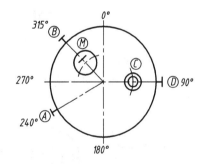

图7-3　管口方位图

三、局部结构的表达方法

由于化工设备的各部分结构尺寸相差悬殊，在缩小比例画出的基本视图中，细部结构很难表达清楚，因此常采用局部放大图或夸大画法表达这部分结构。

1. 局部放大图

局部放大图又称节点图，可根据需要采用视图、剖视图、断面图等表达方法，放大比例可按规定比例，也可不按比例适当放大，但要标注出放大比例或者"不按比例"字样。

2. 夸大画法

细小结构可以适当采用夸大画法表示，如筒体壁厚的表示。

四、断开画法

对于较长（或较高）的设备，沿长度（或高度）方向相当部分的结构形状相同或按规律变

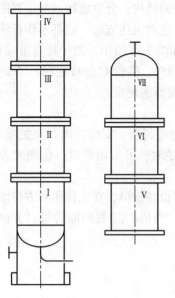

图 7-4　塔的分段表示法

化或重复时，可采用断开画法，即用双点画线将设备从重复结构或相同结构处断开，使图形缩短，节省图幅，简化作图。

当设备较高又不宜采用断开画法时，可采用分段（层）的表达方法，也可以按需要把某一段或某几段塔节，用局部放大图画出它的结构形状，如图 7-4 所示。

五、简化画法

在化工设备装配图中，除采用国家标准《机械制图》中的规定和简化画法外，根据化工设备结构特点，还可采用其他一些简化画法。

1. 标准零部件或外购零部件的简化画法

有标准图或外购的零部件，在装配图中可按比例只画出表示特征的简单外形，如图 7-5 中的电动机、填料箱、人孔等，但须在明细栏中注明其名称、规格、标准号等。

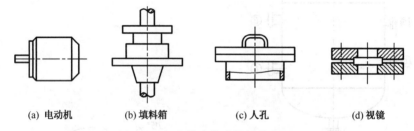

(a) 电动机　　(b) 填料箱　　(c) 人孔　　(d) 视镜

图 7-5　标准件或外购件的简化画法

2. 管法兰的简化画法

装配图中管法兰的画法可简化画成如图 7-6 所示的形式，密封面型式等则在明细栏及管口表中表示。

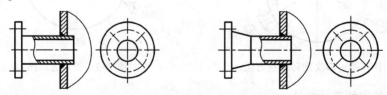

图 7-6　管法兰的简化画法

3. 液面计的简化画法

装配图中带有两个接管的液面计 LG，其两个投影可简化，如图 7-7 所示，其中符号"+"应用粗实线画出。

4. 重复结构的简化画法

（1）螺栓孔可只画中心线和轴线，省略圆孔的投影，见图 7-8(a)。螺栓连接的简化画法见图 7-8(b)，其中符号"×"和"+"均用粗实线绘制。

（2）多孔板上按规律分布的孔可按图 7-9 所示简化画法画出，图 7-9(a)中 N1、N2……为该排所开的孔数目。

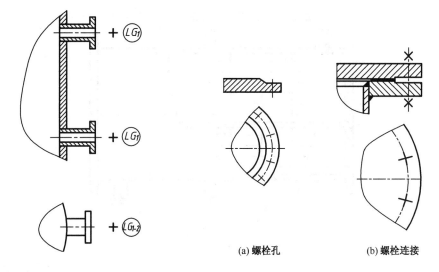

图 7-7　液面计的简化画法

(a) 螺栓孔　　(b) 螺栓连接

图 7-8　螺栓孔和螺栓连接的简化画法

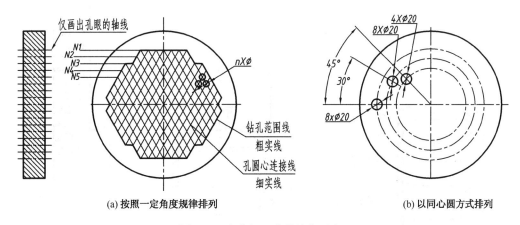

(a) 按照一定角度规律排列　　(b) 以同心圆方式排列

图 7-9　多孔板上孔的简化画法

（3）设备中可用细点画线表示密集的按规律排列的管子（如列管式换热器中的管子），至少要画出其中一根管子，如图 7-10 所示。

（4）设备中相同规格、材料和堆放方法相同的填充物，可用相交细实线表示，并标注出有关尺寸和文字说明，见图 7-11，不同规格或规格相同但堆放方法不同的填充物须分层表示。

六、单线示意画法

设备上某些结构，在已有零部件图或另用剖视图、局部放大图等表达方法表达清楚时，装配图上允许用单粗实线表示，如图 7-12(a) 中的吊钩。

为表达设备整体形状、有关结构的相对位置和尺寸，可采用单线示意画法画出设备的整体外形，并标注有关尺寸，如图 7-12(b) 所示。

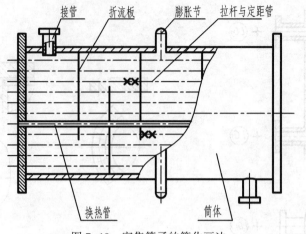

图 7-10   密集管子的简化画法

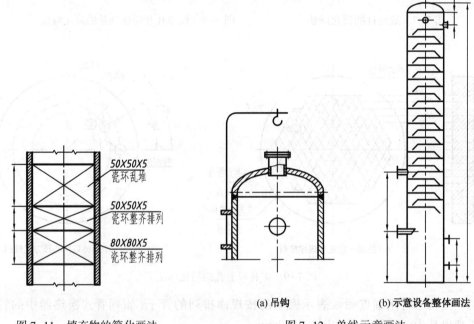

(a) 吊钩   (b) 示意设备整体画法

图 7-11   填充物的简化画法   图 7-12   单线示意画法

第三节   化工设备装配图的视图选择与尺寸标注

一、视图的选择

在绘制化工设备装配图之前，首先应确定其视图表达方案，包括主视图的选择、确定视图数量及表达方法。在选择设备装配图的视图方案时，应考虑化工设备的结构特点。

1. 主视图的选择

一般情况下，化工设备装配图的主视图应该按照工作位置选择，并使其能充分地表达设备的工作原理、主要装配关系及主要零件的结构形状。

由于化工设备的主体结构多为回转体，为表达内部结构，主视图常采用剖视图。

2. 确定其他基本视图

主视图确定后应该根据设备结构特点，选择其他基本视图，以补充表达设备的主要装配关系、形状及结构。

对于化工设备，其基本视图常采用两个视图，立式设备一般为主、俯视图，如图 7-13 所示；卧式设备为主、左(右)视图，用以表达设备的主体结构，如图 7-14 所示。如果因设备较大或图幅所限，视图难以安排在基本视图的位置，则可配置在图纸的空白处，注明视图关系即可。

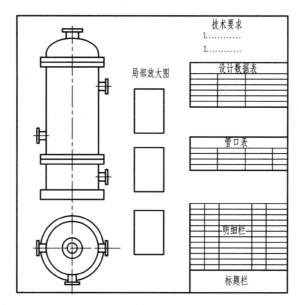

图 7-13 立式设备的视图表达

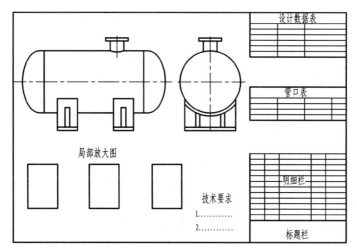

图 7-14 卧式设备的视图表达

3. 其他视图的配置

其他视图用以补充表达设备的主要装配关系，辅助视图多采用局部放大图、局部视图等表达方法将设备各部分的形状结构表达清楚，以补充表达尚未表达清楚的部分。

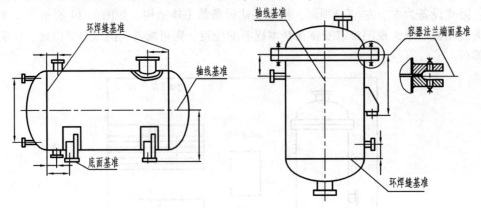

二、化工设备装配图的尺寸标注

1. 化工设备装配图的尺寸基准

化工设备装配图中的尺寸标注应满足制造、检验、安装等要求，故需合理选择尺寸基准。化工设备图中常用的尺寸基准有如下几种（见图7-15）：

图7-15　化工设备装配图的尺寸基准

（1）设备筒体和封头的轴线；

（2）设备筒体和封头焊接处的环焊缝；

（3）设备法兰的端面；

（4）设备支座底面。

2. 化工设备装配图尺寸类型

化工设备装配图上需标注以下几类尺寸（见图7-16）：

（1）特性（规格）尺寸　表示设备的性能与规格的尺寸，这些尺寸是设计时确定的。例如表示设备容积大小的内径和筒体的长度。

（2）装配尺寸　表示设备各零件间装配关系和相对位置的尺寸。例如在装配图上确定各零部件方位的尺寸，以及管口的伸出长度。

（3）安装尺寸　设备安装在地基上或与其他设备（部件）相连接时所需的尺寸。例如支座上螺栓孔的定位尺寸及孔径尺寸。

（4）外形（总体）尺寸　设备总长、总宽、总高的尺寸，这类尺寸供设备在运输、安装时使用。

（5）其他尺寸

① 零部件的主要规格尺寸，如接管的尺寸；

② 设计计算确定的尺寸，如筒体和封头的厚度、搅拌桨尺寸、搅拌轴径大小等；

③ 在局部放大图中的焊缝的结构尺寸；

④ 不另行绘图的零部件的结构尺寸或其他重要尺寸。

第四节　管口表与设计数据表

化工设备装配图中，除了绘制和填写标题栏和明细栏之外，还要绘制和填写管口表和设计数据表。

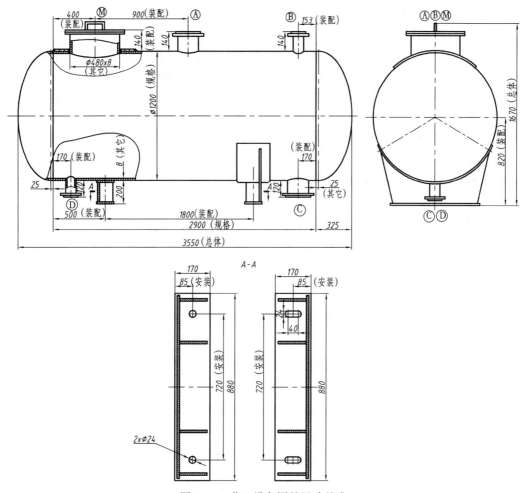

图 7-16 化工设备图的尺寸基准

一、管口表

1. 管口表的格式

管口表是用来说明图中各个管口的符号、公称尺寸与压力等内容的，其格式和尺寸见图 7-17（摘自 HG 20668—2000），管口表的外边框线为粗实线，其余均为细实线。

管口表通常放置在明细栏上方及设计数据表下方，如图 7-1 所示。

			管口表					
符号	公称尺寸	公称压力	连接标准	法兰型式	连接面型式	用途或名称	设备中心线至法兰密封面距离	
A	150	1.6	HG 20592—97	SO	RF	丁二烯入口	500	
B	200	1.6	HG 20592—97	SO	RF	循环水出口	500	
C	200	1.6	HG 20592—97	SO	RF	循环水入口	500	
D	100	1.6	HG 20592—97	SO	RF	丁二烯出口	500	
15	15	15	25	20	20	40		

180

图 7-17 管口表的格式

2. 管口表中内容的填写说明

1) 管口编号与注写方法

管口符号是以大写英文字母表示的，常用的管口规定符号见表 7-1，未作规定的用 A、B、C 等字母顺序表示。凡规格、用途及连接面型式不同的管口，均应单独编写管口符号；完全相同的管口，则应编写同一符号，并在右下角加注阿拉伯数字角标，以示区别。

管口符号在化工设备装配图中要进行标注，管口符号(通常比尺寸标注大一号字)注写在一个细实线绘制的圆圈内，应从主视图的左下方开始，按顺时针方向依次编写在各管口的投影旁。俯视图或者左视图上的管口符号应按主视图中对应符号标注，如图 7-2 和图 7-16 所示。

表 7-1　常用管口符号表(摘自 HG 20668—2000)

管口名称或用途	管口符号	管口名称或用途	管口符号
手孔	H	在线分析口	QE
液位计口(现场)	LG	安全阀接口	SV
液位开关	LS	温度计口	TE
液位变送器口	LT	温度计口(现场)	TI
人孔	M	裙座排气口	VS
压力计口	PI	裙座入口	W
压力变送器口	PT		

2) 公称尺寸与公称压力

公称尺寸按接管的公称直径填写，无公称直径的管口按管口实际内径填写(矩形孔填写"长×宽"，椭圆形孔填写"椭长轴×短轴")。

钢管外径包括两个系列，一个系列为国际通用系列(俗称英制管)，另一个系列为国内沿用系列(俗称公制管)，其公称尺寸 DN 和钢管外径的尺寸见表 7-2，常用钢管尺寸见附录四中的附表 4-2。

表 7-2　公称尺寸和钢管外径　　　　　　　　　mm

公称尺寸(DN)		10	15	20	25	32	40	50	65	80	100
钢管外径	A	17.2	21.3	26.9	33.7	42.4	48.3	60.3	76.1	88.9	114.3
	B	14	18	25	32	38	45	57	76	89	108
公称尺寸(DN)		125	150	200	250	300	350	400	450	500	600
钢管外径	A	139.7	168.3	219.1	273	323.9	355.6	406.4	457	508	610
	B	133	159	219	273	325	377	426	480	530	630
公称尺寸(DN)		700	800	900	1000	1200	1400	1600	1800	2000	
钢管外径	A	711	813	914	1016	1219	1422	1626	1829	2032	
	B	720	820	920	1020	1220	1420	1620	1820	2020	

公称压力按所选接管标准中的压力等级填写。欧洲体系管法兰压力等级不低于 1.6MPa，美洲体系管法兰压力等级不低于 2MPa。

3）法兰形式与连接面形式

填写对外连接的接管法兰的标准，连接面形式按照法兰密封面形式（RF、MFM 等）填写，不对外连接的管口（如人孔、视镜等）不填写具体内容，用细斜线表示，螺纹连接管口填写螺纹规格。

4）用途或名称

用途或名称一栏填写管口的具体用途。

5）设备中心线至法兰密封面距离

填写垂直于设备中心线各接管的实际距离，已在此栏内填写的接管，在图中可以不注出尺寸，其他需要在图中标注尺寸的接管，在此栏中填写"见图"或者"按本图"的字样。

二、设计数据表

设计数据表又称技术特性表，是用以说明设备的设计数据与技术要求的一种表格，其内容包括：工作压力、工作温度、容积、物料名称、传热面积以及其他有关表示该设备重要性能的参数。

HG 20668—2000《化工设备设计文件编制规定》中规定了其格式，如图 7-18 所示。设计数据表一般都放置在管口表的上方，如图 7-13 所示。

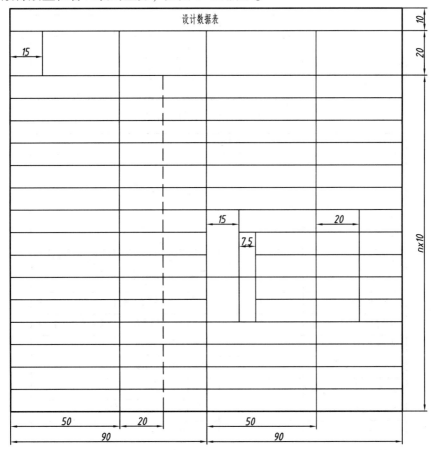

图 7-18　设计数据表的格式和尺寸

设计数据表的内容根据化工设备种类的不同而不同，搅拌设备的设计数据表见图 7-19，塔的设计数据表见图 7-20，换热器的设计数据表见图 7-21。

设计数据表				
规范				
	容器	夹套	压力容器类别	
介质			焊条型号	
介质特性			焊接规程	
工作温度（℃）			焊缝结构	除注明均为全焊透
工作压力（MPaG）			除注明外角焊缝腰高	
设计温度（℃）			管法兰与接管焊接标准	按相应法兰标准
设计压力 （MPaG）			焊接接头类别	方法-检测率 标准-级别
腐蚀裕量（mm）			A、B 容器	
焊接接头系数			无损 夹套	
热处理			检测 C、D 容器	
水压试验压力 卧式/立式(MPaG)			夹套	
气密性试验压力 （MPaG）			全容积（m^3）	
加热面积 （m^2）			搅拌器型式	
保温层厚度/防火层厚度(mm)			搅拌器转速	
表面防腐要求			电机功率/防爆等级	
其它（按需填写）			管口方位	

图 7-19　搅拌器的设计数据表

设计数据表				
规范				
介质			压力容器类别	
介质特性			焊条型号	
工作温度（℃）			焊接规程	
工作压力（MPaG）			焊缝结构	除注明均为全焊透
设计温度（℃）			除注明外角焊缝腰高	
设计压力（MPaG）			管法兰与接管焊接标准	按相应法兰标准
腐蚀裕量 （mm）			焊接接头类别	方法-检测率 标准-级别
焊接接头系数			无损 A、B 容器	
热处理			检测 C、D 容器	
水压试验压力 卧式/立式(MPaG)			全容积（m^3）	
气密性试验压力 （MPaG）			基本风压（N/m^2）	
保温层厚度/防火层厚度(mm)			地震烈度	
表面防腐要求			场土地类别/地震影响	
其它（按需填写）			管口方位	

图 7-20　塔的设计数据表

设计数据表						
规范						
	壳程	管程	压力容器类别			
介质			焊条型号			
介质特性			焊接规程			
工作温度 进/出 （℃）			焊缝结构		除注明均为全焊透	
工作压力 （MPaG）			除注明外角焊缝腰高			
设计温度 （℃）			管法兰与接管焊接标准		按相应法兰标准	
设计压力 （MPaG）			管板与筒体连接应采用			
金属温度 （℃）			管子与管板连接			
腐蚀裕量 （mm）			焊接接头类别		方法-检测率	标准-级别
焊接接头系数			无损	A、B　壳程		
程数				管程		
热处理			检测	C、D　壳程		
水压试验压力 （MPaG）				管程		
气密性试验压力 （MPaG）			管板密封面与壳体轴线			
保温层厚度/防火层厚度(mm)			垂直度公差 （mm）			
换热面积（外径） （m²）			其它（按需填写）			
表面防腐要求			管口方位			

图 7-21　换热器的设计数据表

三、化工设备装配图的技术要求

技术要求是指用文字说明该设备在制造、检验、安装、保温、防腐蚀等方面的要求。技术要求包括以下几方面的内容：

（1）设备在制造中依据的通用技术条件。

（2）设备在制造(焊接、机械加工、热处理)和装配方面的要求。通常对焊接方法、焊条型号等都要作具体要求。

（3）设备的检验要求，包括焊缝质量检验和设备整体检验两类。

（4）其他要求，包括设备在保温、防腐蚀、运输等方面的要求。

第五节　化工设备装配图的阅读

化工设备装配图是化工设备设计、制造、使用和维修中的重要技术文件，技术人员必须具备阅读化工设备装配图的能力。

一、阅读化工设备装配图的基本要求

通过对化工设备装配图的阅读，主要达到下列要求：

（1）了解设备的用途、工作原理、结构特点和技术特性。

（2）了解设备上各零部件之间的装配关系和有关尺寸。

（3）了解设备零部件的材料、结构、形状、规格及作用。

（4）了解设备上管口的数量、方位和作用。

（5）了解设备在制造、检验和安装等方面的技术要求等。

二、阅读化工设备装配图的方法和步骤

1. 概括了解

阅读标题栏，了解设备名称、规格、材料、重量和比例等信息。

阅读明细栏、管口表和设计数据表和技术要求，了解设备中各零部件数目，了解设备的管口布置情况，了解相关设计数据及设备在制造、检验和安装等方面的技术要求等。

2. 视图分析

分析表达设备所采用的表达方法，弄清各视图、剖视图各自表达的重点内容。

3. 零部件结构及装配关系分析

从主视图入手，结合其他视图，按照明细表中的序号，了解各零部件的结构、尺寸及各零部件之间的装配关系。

4. 设备的总体分析

全面细致地分析组成设备的主要零部件的结构及各零部件之间的装配关系，分析各接管的位置和作用，进而了解设备的工作原理，对设备有一个全面的认识。

在阅读化工设备装配图时，注意要抓住化工设备装配图所具有的特点，详细阅读图纸的内容，注重对图中的管口表和技术特性表的识读。

三、阅读举例

阅读 E0401 冷凝器装配图，如图 7-1 所示。

1. 概括了解

阅读标题栏，了解到设备名称为 E0401 冷凝器，传热面积为 $227m^2$，绘图比例为 1：10。

阅读明细栏，了解该设备共有 26 种零部件。

由管口表可知该设备有四个管口；由技术特性表可知该设备管程和壳程的相关压力和温度参数，设备壳程的物料为水，管程的物料为气相丁二烯，另外还可以了解到设备在制造、检验、安装等方面所依据的技术规定和要求，以及焊接方法、装配要求、质量检验等方面的具体要求。

2. 视图分析

设备的总装配图是采用主视图和左视图两个基本视图，以及七个局部放大图和一个 *A-A* 剖视图进行表达的。

两个基本视图主要表达了设备的主体结构。主视图采用全剖视图，主要用以表达设备主要零件和部件的基本结构，管板与封头和管箱的连接关系、管束与管板的连接关系、接管与设备主体的连接关系以及折流板的位置等情况；左视图表达设备左端的外形，以及管口的方位情况。

七个局部放大图主要是表达：A、B 类焊缝的详图、带补强圈接管与筒体的焊接详图、拉杆与管板的连接图、拉杆与折流板的连接图、管箱与管板的连接图、换热管与管板的连接图以及换热管排列图。

A-A 剖视图主要表达两个鞍式支座的结构及安装孔的位置。

3. 设备的零部件分析

设备的主体由左管箱、左管板、筒体、右管箱、右管板和管束组成。

左、右管箱均为组合件，其部件图见图 6-27 和图 6-28；左、右管板和筒体焊接在一起兼作法兰，其中左管板的法兰与左管箱的容器法兰采用螺栓连接，右管板的法兰与右管箱的容器法兰采用螺栓连接。

换热管束共 490 根，图中采用简化画法即仅详细画出一根，其余仅画出中心线。换热管两端分别固定在左、右管板上，换热管与管板采用胀接，具体连接情况见换热管与管板的连接图详图，换热管的排列方式见局部放大图中的换热管排列图。管板零件图见图 6-25。

筒体内有上、下折流板各 8 块。折流板间由定距管保持距离。所有折流板用拉杆连接，拉杆左端固定在左管板上，右端用螺母锁紧，折流板零件图见图 6-26。

阅读装配图中的特性尺寸、零部件之间的位置装配尺寸、安装尺寸、外形尺寸及其他主要尺寸，对于接管等典型结构的尺寸标注也要加以识读。

4. 设备总体分析

通过详细分析后，将各部分内容加以综合归纳，得出设备完整的结构形状，然后分析装配图上标注的五类尺寸及其作用，进一部了解设备的结构特点、工作特性、物料的流向和操作原理等。

该换热器属于固定管板式换热器，设备的主体由左管箱、左管板、筒体、右管箱、右管板和管束组成。其内部有 490 根换热管，16 块折流板。设备工作时，循环水自接管 C 进入壳体，在壳体内绕经折流板换热后由接管 B 流出；丁二烯从接管 A 进入管箱后，通过管板进入换热管，与壳程内的循环水进行热量交换后，由接管 D 流出。

第六节　化工设备装配图的绘图方法

绘制化工设备装配图之前，首先应对化工工艺提供的资料进行复核，包括强度校核、结构选型、材料选择等，做好绘制化工设备装配图的准备工作。

一、绘图前的准备工作

1. 选定表达方案

选择化工设备的表达方案时，应考虑化工设备的结构特点与绘图特点。

通常选两个基本视图表达设备的主要结构形状、零部件装配关系等。立式设备，如塔器，图纸采用垂直放置，用主、俯视图表示；卧式设备，如换热器，图纸采用水平放置，视图采用主、左视图。

主视图一般采用剖视和多次旋转相结合的表达方式。再配以局部放大图、向视图及剖视图、断面图等各种表达方法，补充基本视图表达的不足，将零部件的结构形状及连接、焊缝结构等表达清楚。

2. 确定比例和图幅

表达方案确定后，按照设备的总体尺寸确定绘图比例。设备图一般都采用缩小比例，常用的比例为 1：5、1：10、1：20 等。

比例确定后，根据视图数量、尺寸配置、各种表格和技术要求等内容所占的范围确定图纸幅面的大小。常采用较大图幅，如 A0、A1，必要时也可加长幅面。

　　布置图面时，除考虑各视图所占的幅面和间隔外，还需考虑标注尺寸、编写部件序号以及各种表格和技术要求所需的幅面，力求在图纸上布置匀称、美观。一般立式设备的图面布置如图 7-13 所示，卧式设备的图面布置如图 7-14 所示。

二、绘图方法和步骤

　　(1) 先画定位置线(轴线、对称线、中心线、作图基准线)，后画形状。

　　(2) 先画主视图，后画俯(左)视图。

　　(3) 先画主体(筒体、封头)，后画附件。

　　(4) 先画外件，后画内件。

　　(5) 在基本视图完成后，再画局部放大图等其他视图，然后加画剖面符号、焊接符号等。

　　(6) 完成上述内容后，进行检查，核对无误后，标注各类尺寸。

　　(7) 编写零部件序号和管口符号。管口符号应从主视图的左下方开始，按顺时针方向依次编写在各管口的投影旁。俯视图或者左视图上的管口符号应按主视图中对应符号标注。

　　(8) 绘制各类表格和注写技术要求，填写标题栏、明细栏、管口表、技术特性表及技术要求等内容。

　　(9) 检查、修改。

第八章　AutoCAD 绘图基础

第一节　国家标准 CAD 工程制图规则

国家标准 CAD 工程制图规则(GB/T 18229—2000)规定了用计算机绘制工程图的基本规则。

一、CAD 关于工程图的字体规定

CAD 工程图的字体应符合国家标准关于字体的相关要求，CAD 工程图的字体与图纸幅面之间的大小关系见表 8-1。

表 8-1　CAD 工程图的字体与图纸幅面之间的大小关系

字体 h ＼ 图幅	A0	A1	A2	A3	A4
字母数字	5			3.5	
汉字					

注：h 为字高，单位 mm。

二、CAD 关于工程图的基本线型规定

CAD 工程图中使用的图线，应遵照 GB/T 17450 中的有关规定，CAD 工程图的基本线型见表 8-2。

表 8-2　CAD 工程图的基本线型

代　码	基本线型	名　称
01		实线
02		虚线
03		间隔画线
04		单点长画线
05		双点长画线
06		三点长画线
07		点线
08		长画短画线
09		长画双点画线
10		点画线
11		单点双画线
12		双点画线
13		双点双画线
14		三点画线
15		三点双画线

三、CAD 关于工程图的基本图线颜色规定

CAD 工程图在屏幕上的图线一般应按照表 8-3 中提供的颜色显示，相同类型的图线应采用同样的颜色。

表 8-3　CAD 工程图在屏幕上的图线的颜色规定

图线类型		屏幕上颜色
粗实线		白色
细实线		绿色
波浪线		绿色
双折线		绿色
虚线		黄色
细点画线		红色
粗点画线		棕色
双点画线		粉红色

四、CAD 工程图的图层管理

CAD 工程图的图层管理应按照表 8-4 的规定执行。

表 8-4　CAD 工程图的图层管理

层号	描述	图例
01	粗实线　剖切面的粗剖切线	
02	细实线 细波浪线 细折断线	
03	粗虚线	
04	细虚线	
05	细点画线　剖切面的剖切线	
06	粗点画线	
07	细双点画线	
08	尺寸线、投影连线、尺寸终端与符号细实线	
09	参考线，包括引出线和终端（如箭头）	
10	剖面符号	
11	文本、细实线	ABCD
12	尺寸值和公差	432±1
13	文本、粗实线	KLMN
14、15、16	用户选用	

第二节　AutoCAD 的基础知识

CAD（Computer Aided Drafting）诞生于 20 世纪 60 年代，是美国麻省理工大学提出的交互

式图形学的研究计划，AutoCAD 从 1982 年开始完成了多个版本的发行，目前广泛使用的 AutoCAD2007、AutoCAD2009、AutoCAD2012 等版本，其拥有强大直观的界面，可以轻松而快速地进行外观图形的创作和提高 3D 设计效率。

本书以 AutoCAD2012 版的经典界面介绍相关知识。利用 CAD 绘图前，首先要完成绘图环境的设置工作，这样才能绘制出符合国家或者行业标准的工程图样。绘图环境的设置包括：绘图单位、绘图界限、文字样式、标注样式及表格样式等方面的设置。本章主要针对这些内容进行介绍。限于篇幅不能对 CAD 的基本命令进行讲解。

一、AutoCAD 操作界面

1. AutoCAD 经典工作界面

AutoCAD2012 提供了"草图与注释、三维基础、三维建模、AutoCAD 经典"四种工作界面，用户绘制二维图时应选择"草图与注释"和"AutoCAD 经典"界面。其中 AutoCAD 经典工作界面是特意为老用户准备的，其风格与早先的版本一致，本书以 AutoCAD 经典界面进行讲解。

AutoCAD 经典工作界面如图 8-1 所示，主要由标题栏、菜单栏、工具栏、绘图窗口、命令窗口、状态栏、坐标系图标、模型和布局选项卡、滚动条等组成。

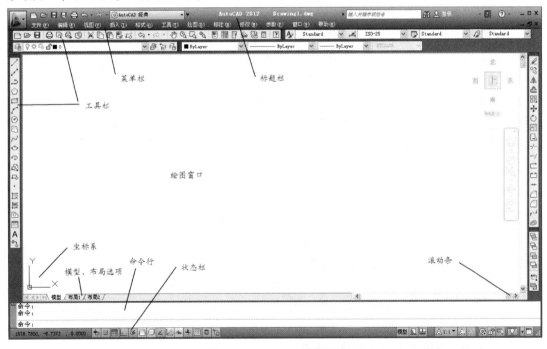

图 8-1　AutoCAD 经典界面

2. 工具栏

AutoCAD 提供了许多工具栏。在默认设置下，在工作界面上显示标准、样式、工作空间、图层、特性、绘图次序、绘图和修改等工具栏，如图 8-1 所示。

打开 CAD 工具栏的操作方法：方法一是在菜单栏下选择"工具/工具栏/AutoCAD"后弹出一个列出所有工具栏目录的快捷菜单，如图 8-2 所示，在该快捷菜单下勾选即可；方法二是在已经打开的工具栏上右击鼠标，弹出列出所有工具栏目录的快捷菜单，在此快捷菜单

CAD 标准
UCS
UCS II
Web
标注
标注约束
✓ 标准
标准注释
布局
参数化
参照
参照编辑
测量工具
插入
查询
查找文字
动态观察
对象捕捉
多重引线
工作空间
光源
✓ 绘图
✓ 绘图次序
绘图次序，注释前置
几何约束
建模
漫游和飞行
平滑网格
平滑网格图元
曲面编辑
曲面创建
曲面创建 II
三维导航
实体编辑
视觉样式
视口
视图
缩放
✓ 特性
贴图
✓ 图层
图层 II

图 8-2 AutoCAD 的工具栏

中勾选即可。

CAD 的工具栏都是浮动式的，用户可以将工具栏拖放到工作界面的任意位置，此外用户还可以自定义工具栏。

二、AutoCAD 的文件操作

1. 新建文件

单击左上快速工具栏上的新建文件图标▢，系统将弹出如图 8-3 所示的对话框。

新建文件时，需要选择样板，样板文件含有有关图形文件的多种格式设定，比如单位制、工作范围、文字样式、尺寸样式、图层设置和图框标题栏等。样板文件的扩展名是 dwt。AutoCAD 提供了多种文件样板，存放在 AutoCAD 安装目录的下一级目录 \\ template 下，用户也可根据需要自己定制样板文件，然后保存在该目录下备用，定制样板图的方法将在后面的章节中介绍。

用户建立无样板公制文件的方法按照图 8-3 中的提示操作即可。

2. 打开文件

选择"文件"/"打开"命令(OPEN)，或在"标准"工具栏中单击"打开"按钮，可以打开已有的图形文件，此时将打开"选择文件"对话框，如图 8-4 所示。

选择需要打开的图形文件，在右面的"预览"框中将显示该图形的预览图像。默认情况下，打开的图形文件的格式为 .dwg。

3. 保存文件

在 AutoCAD 中，可以使用多种方式将所绘图形以文件形式存入磁盘。例如，可以选择"文件"/"保存"命令(QSAVE)，或在"标准"工具栏中单击"保存"按钮，以当前使用的文件名保存图形；也可以选择"文件"/"另存为"命令(SAVEAS)，将当前图形以新的名称保存。

在保存文件时，默认的文件扩展名为 .dwg，文件的扩展名有多种选择，用户可根据实际自行选择，此外 AutoCAD 还可以将文件保存成比当前运行的版本低的 AutoCAD 版本的文件形式，供用户选用。

三、AutoCAD 的命令输入及终止方式

1. 输入一般命令

(1) 单击命令按钮　用鼠标在工具栏上单击代表相应命令的图标按钮。

(2) 从下拉菜单中选取　用鼠标从下拉菜单中单击要输入的命令项。

(3) 从键盘键入　在"命令行"，键入命令名，随后按回车键或空格键。

2. 输入透明命令

AutoCAD 中有些命令可以插入到另一条命令的执行期间执行，如使用 LINE 命令绘制一条折线到一半时，可以使用 ZOOM 命令放大显示实体，类似 ZOOM 这样的命令称为透明命

图 8-3　新建文件的方法

图 8-4　选择文件对话框

令。常用的辅助绘图工具命令一般都是透明命令。

透明命令常用的操作方法是：

（1）从工具栏或状态行直接单击透明命令，然后操作它。

（2）从键盘键入，但要在命令名前加单引号"'"然后操作它，如 'ZOOM。

在某命令执行过程中，用上述方法输入并操作了透明命令后，可继续执行该命令。

3. 终止命令的执行

（1）当一条命令正常完成后将自动终止。

（2）在执行过程中按〈Esc〉键。

（3）从菜单或工具栏调用另一非透明命令时，自动终止当前正在执行的绝大部分命令。

四、AutoCAD 的坐标系和点的基本输入方式

1. 世界坐标系与用户坐标系

在 AutoCAD 中，坐标系分为世界坐标系（WCS）和用户坐标系（UCS），默认为世界坐标系。世界坐标系坐标原点位于图纸左下角；X 轴为水平轴，向右为正；Y 轴为垂直轴，向上为正；Z 轴方向垂直于 XY 平面，指向绘图者为正向。

WCS 坐标系在绘图中是常用的坐标系，它不能被改变。有特殊需要时，也可以相对于它建立其他的坐标系，相对于 WCS 建立起的坐标系称为用户坐标系，用户坐标系可以用

UCS 命令来创建。

两种坐标系都可以通过给定坐标(x，y)来精确定位点。

2. 坐标的表示法

所有的图形最终都涉及到点，在 AutoCAD 中，点是以坐标的形式从键盘输入的。点的坐标可以使用直角坐标或极坐标，分为绝对直角坐标和相对直角坐标、绝对极坐标和相对极坐标。

(1) 直角坐标　x，y，两个坐标分量之间只能且必须用逗号隔开。

例如：输入 10，20<Enter>表示点的坐标为(10，20)。

(2) 极坐标　r<a，距离和角度之间只能且必须用<隔开。

例如：输入 10<45 表示长度等于 10、角度等于 45°的点。

(3) 绝对坐标　相对原点的坐标，x，y 或 r<a。

例如：(10，20)或(10<45)。

(4) 相对坐标　相对参考点的坐标，@ dx，dy 或 @ r<a，坐标前面的@是必须的。注意：AutoCAD 中缺省情况下，参考点总是前一点。

例如：@10，20 或者 @10<45。

在使用相对极坐标时，角度总是指以参考点为圆心，从 X 轴水平朝右的方向开始，旋转到目标点所经过的角度。

(5) 角度　AutoCAD 中，缺省时是用度作为单位的，以 X 轴正向为 0°，并且规定逆时针为正，顺时针为负，输入角度数值即可。当用鼠标点取时，AutoCAD 则自动计算这两个点连线的角度作为输入。

(6) 位移量的输入　位移量是指一个图形从一个位置平移到另一个位置的距离，其提示为"指定基点或位移"。

第三节　AutoCAD 的基本命令与基本操作

一、绘图命令

任何复杂的图形都是由基本的图元组成，如直线、圆、圆弧、矩形、多边形等。这些基本的图元在 AutoCAD 中称为实体。

常用的绘图命令列举在"绘图"工具栏中，当光标移到工具栏的图标上面时会显示此图标的名称，悬停在图标上时会显示此命令的简要操作举例。表 8-5 给出了常用绘图命令图标的名称对照，使用简化命令可以提高绘图速度。

限于篇幅，对命令功能不作详细介绍，如有需要请参考帮助，或者在执行该命令时按下F1 键获得帮助。

表 8-5　常用绘图命令图标的名称对照

工具图标	中文名称	英文命令	简化命令	工具图标	中文名称	英文命令	简化命令
	直线	Line	L		椭圆	Ellipse	EL
	构造线	Xline	XL		椭圆弧	Ellipse	EL
	多段线	Pline	PL		插入块	Insert	I
	正多边形	Polygon	POL		创建块	Block	B

续表

工具图标	中文名称	英文命令	简化命令	工具图标	中文名称	英文命令	简化命令
	矩形	Rectang	REC		点	Point	PO
	圆弧	Arc	A		图案填充	Bhatch	BH、H
	圆	Circle	C		面域	Region	REG
	修订云线	Revcloud			表格	Table	TB
	样条曲线	Spline	SPL		多行文字	Mtext	MT

二、编辑命令

用 AutoCAD 软件绘图，要经常对已有的实体如线段、圆弧等进行编辑操作，常用的编辑操作有删除、剪切、移动和复制等，修改命令位于"修改"工具栏中，表 8-6 列出了常用的修改命令图标的英文名称和简化命令。

表 8-6　常用修改命图标的名称对照

工具图标	中文名称	英文命令	简化命令	工具图标	中文名称	英文命令	简化命令
	删除	Erase	E		修剪	Trim	TR
	复制	Copy	CO、CP		延伸	Extend	EX
	镜像	Mirror	MI		打断与点	Break	B
	偏移	Offset	O		打断	Break	B
	阵列	Array	AR		合并	Join	J
	移动	Move	M		倒角	Chamfer	CHA
	旋转	Rotate	RO		圆角	Fillet	F
	缩放	Scale	SC		光顺曲线	Blend	
	拉伸	Strech	S		分解	Explode	X

三、显示控制命令

AutoCAD 可以方便地以多种形式、不同角度观察所绘图形，改变图形的显示位置。表 8-7 给出了常用的缩放、平移和重生成、重画等几个命令。

表 8-7　常用显示控制命令

英文命令	中文名称	使用方法
Zoom	缩放	可以通过放大和缩小操作更改视图的比例，使用 ZOOM 不会更改图形中对象的绝对大小，它仅更改视图的比例
Pan	平移	用户可以实时平移图形显示，鼠标放在起始位置，然后按下鼠标键，将光标拖动到新的位置
Regen	重生成	在当前视口中重新生成整个图形并重新计算所有对象的屏幕坐标，同时还可以重新生成图形数据库的索引，以优化显示和对象选择性能
Redraw	重画	刷新当前视口中的显示，删除由 VSLIDE 和当前视口中的某些操作遗留的临时图形

四、辅助绘图工具

为了提高绘图精度和速度，AutoCAD 提供了一些辅助绘图工具，帮助用户快速、准确绘图，这些辅助工具位于界面下方的状态栏中，如图 8-5 所示，常用的有正交、对象捕捉、对象追踪等，这些命令均为透明命令，即在使用其他命令的过程中可以使用。

图 8-5　辅助绘图工具

常用的对象捕捉方式有捕捉直线的端点、中点、交点、垂足等，以及捕捉圆心、切点、象限点等，如表 8-8 所示。

表 8-8　常用对象捕捉命令

工具图标	中文名称	英文命令	工具图标	中文名称	英文命令
	临时追踪点	Tt		象限点	Qua
	捕捉自	From		切点	Tan
	端点	End		垂足	Per
	中点	Mid		平行	Par
	交点	Int		插入点	ins
	外观交点	Appint		节点	Nod
	延长线	Ext		最近点	Nea
	圆心	Cen		无捕捉	Non

启用对象捕捉可以根据用户的要求进行设置，设置界面如图 8-6 所示。

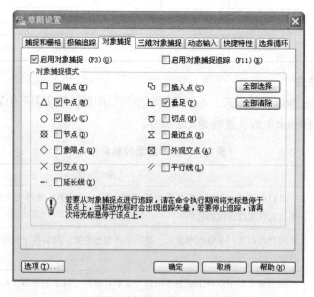

图 8-6　辅助绘图工具

第四节　绘图单位和绘图界限的设置

一、绘图单位设置

绘图前用户要根据所绘图形的精度要求，进行绘图单位的设置。

用于设置绘图单位格式的命令是 UNITS。选择"格式"/"单位"命令，即执行 UNITS 命令，打开如图 8-7 所示的"图形单位设置"对话框，用于确定长度尺寸和角度尺寸的单位格式以及对应的精度。

机械制图中，长度和角度的绘图精度通常设置为整数，或者根据图纸中具体单位的精度完成设置。

二、绘图界限设置

绘图界限的设定，就是制定一个有效的绘图区域，将图形绘制在指定区域内。图形界限范围的指定是通过给定矩形的两个角点确定的。用于设置绘图范围的命令在菜单栏的"格式"/"图形界限"中。

例如完成 A3 图纸的图幅界限的设置，由于 A3 幅面尺寸是 420×297，选择"格式"/"图形界限"命令，给定两个角点用于确定一个长为 420、宽为 297 的矩形，即完成了 A3 图幅的界限设定。

如图 8-8 所示，为了使所设绘图范围有效，还需要利用 LIMITS 命令的"开（ON）/关（OFF）"进行控制。执行 ON 选项后，就可以使所设绘图范围有效，即用户只能在已设坐标范围内绘图，如果所绘图形超出范围，则 AutoCAD 拒绝绘图，并给出相应的提示。

图 8-7　绘图单位设置

图 8-8　界限的开与关

第五节　图层的设置

一、图层设置的原则

绘图工程图样时，应将具有同一性质的图形内容放置在同一图层。要依据绘制工程图样的具体情况，进行图层的设置。

绘制机械图时，通常会用到多种线型，如粗实线、细实线、点划线、中心线及虚线等。用 AutoCAD 绘图时，实现线型要求的方法之一是建立一系列控制线型、线宽和颜色的图层，绘图时，将具有同一线型的图形对象放在同一图层中。

表8-9给出了机械图样常用的图层设置。

表8-9　图层设置

图层名称	颜　色	AutoCAD 线型	线　宽
粗实线	白色	Continuous	0.5mm 或 0.6mm
细实线(包括波浪线和细折断线)	绿色	Continuous	0.25mm 或 0.3mm
虚线	黄色	DASHE 或 HIDDEN	0.25mm 或 0.3mm
中心线	红色	CENTER	0.25mm 或 0.3mm
尺寸标注	自选	Continuous	0.25mm 或 0.3mm
剖面线	自选	Continuous	0.25mm 或 0.3mm
文字	自选	Continuous	0.25mm 或 0.3mm
图框层	自选	Continuous	0.25mm 或 0.3mm

注：细实线线宽为粗实线线宽的一半。

二、图层设置和使用

图层的基本操作包括新建图层、图层的重命名、删除图层、指定当前层、图层的开/关、图层的冻结/解冻和锁定/解锁。这些操作可通过"图层特性管理器"或在"对象特性"工具栏实施。

用于进行图层管理的命令是 LAYER。单击"图层"工具栏中的"图层特性管理器"按钮，或选择"格式"/"图层"命令，即执行 LAYER 命令，打开"图层特性管理器"对话框，如图8-9所示。

1. 新建图层的方法

在"图层特性管理器"中可以实现新建图层、删除图层、指定当前图层等操作。

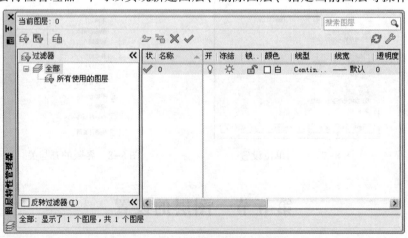

图8-9　图层特性管理器

单击"新建"图层按钮后建立各个图层，如图8-10所示，建立了"粗实线"图层。然后为新建的粗实线图层选择颜色、线型以及线宽，如图8-11和8-12所示，其中粗实线的线宽可在0.5~0.6mm之间。

图 8-10　"粗实线"图层建立

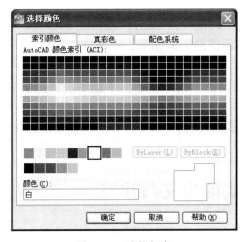

图 8-11　选择颜色

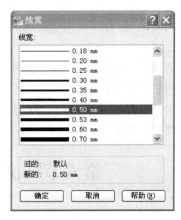

图 8-12　选择线宽

2. 其他线型的加载

　　如需要其他线型，可以通过"选择线型"对话框"加载"按钮，打开"加载或者重载线型"对话框，加载其他线型，如中心线可以选择 CENTER 线型，虚线可以选择 HIDDEN 或者 DASHED 线型，如图 8-13 所示。

图 8-13　其他线形的加载

3. "对象特性"工具栏

为了使用图层特性更为简便、快捷，AutoCAD 提供了一个"图层"与"特性"工具栏，如图 8-14 所示。

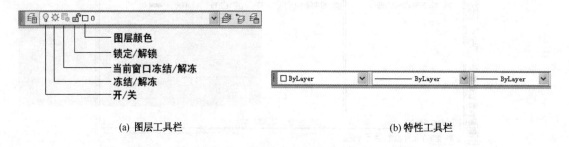

(a) 图层工具栏   (b) 特性工具栏

图 8-14   图层和特性工具栏

图层的开/关：图层关闭后，不能显示图层上的图形，不能打印输出，但参与显示运算。

图层的冻结/解冻：被冻结的图层，不能显示图层上的图形，不能打印输出，且不参与显示运算。

图层的锁定/解锁：图层锁定后不影响该图层图形的显示，但不能编辑该图层的图形，可以在该图层上绘制图形。

在"特性"工具栏中将颜色、线型和线宽均设置为随层（By Layer），才能将图层设置好的属性赋予图层内的对象。

第六节   文字样式的定义与注写

绘制工程图样时，需要为图形标注尺寸，此外有时还需注写文字，如技术要求、填写标题栏等。下面介绍如何在 AutoCAD 中定义符合国标要求的文字样式，并进行单行和多行文字的注写。

一、符合国标的汉字和数字样式

国家标准对图纸上注写的汉字规定用长仿宋体。AutoCAD 提供了可标注国家制图标准的中文字体，如 "T 仿宋_ GB2312"或"T 宋体"的中文字体。

国家标准规定尺寸标注时应用斜体字，AutoCAD 中符合国标的数字样式，可以使用 gbetic. shx 和 gbenor. shx 等字体。

二、建立符合国标的汉字样式

用于定义文字样式的命令是 STYLE。单击菜单栏中"格式/"文字样式"打开"文字样式"对话框，如图 8-15 所示。

在对话框中，选择"新建"按钮，定义指定文字样式的样式名称。

建立"国标汉字"文字样式用于在工程图中注写符合国家技术制图标准规定的汉字（长仿宋体）。

其创建过程如下：

（1）单击"新建"按钮，弹出"新建文字样式"对话框，输入"国标汉字"文字样式名，单击"确定"按钮，返回"文字样式"对话框。

图 8-15　文字样式对话框

（2）在"字体名"下拉列表中选择"T 仿宋＿ GB2312"字体或"T 宋体"（注意：不要选成"T@ 仿宋＿ GB2312"字体）；在"高度"编辑框中设高度值为"3.5"；在"宽度比例"编辑框中设宽度比例值为"0.7"（长仿宋体的字宽约为字高的 2/3），其他使用缺省值。

（3）单击"应用"按钮，完成创建，如图 8-16 所示。

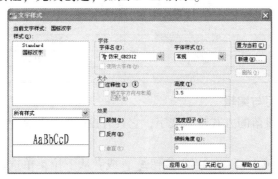

图 8-16　建立符合国标的汉字样式

（4）如不再创建其他样式，单击"关闭"按钮，退出"文字样式"对话框，结束命令。

三、建立符合国标的数字样式

建立"尺寸数字"文字样式用于控制工程图的尺寸数字和注写其他数字、字母。该文字样式使所注尺寸中的尺寸数字符合国家技术制图标准。

其创建过程如下：

（1）单击"新建"按钮，弹出"新建文字样式"对话框，输入"尺寸数字"文字样式名，单击"确定"按钮，返回"文字样式"对话框。

（2）在"字体名"下拉列表中选择"gbeitc. shx"字体，在"高度"编辑框中设高度值为"3.50"，在"宽度比例"编辑框中输入"1"，其他使用缺省值。

（3）单击"应用"按钮，完成创建，如图 8-17 所示。

（4）单击"关闭"按钮，退出"文字样式"对话框，结束命令。

四、单行文字的注写与编辑

在注写文字前，首先要选择或者确认当前文字样式是否正确，然后通过"绘图"/"文字"/"单行文字"，注写单行文字。

注意"当前文字样式"提示，通过完成"指定文字的起点或［对齐（J）／样式（S）］"、"指定高度"、"指定文字的旋转角度"、"输入文字等信息行的提示"完成输入，输入后一次回

图 8-17　建立符合国标的数字样式

车，可进行下一行输入，两次回车，结束当前文字的输入。

双击已经注写的单行文字可以对注写的内容进行编辑。

一些特殊字符不能在键盘上直接输入，AutoCAD 用控制码来实现，常用的控制码如表 8-10 所示。

表 8-10　特殊字符与控制码

符　号	代　号	示　例	文　本
°	%%d	25%%d	25°
±	%%p	%%p0.012	±0.012
Φ	%%c	%%c25	Φ25

五、多行文字的注写与编辑

多行文字是以一个段落的方式输入文字，它具有控制所注写文字字符格式及段落文字特性等功能。

从"绘图"工具栏中单击"段落文字"按钮 **A** ，或者从下拉菜单选取"绘图"/"文字"/"多行文字"，或者从键盘键入 MTEXT 命令均可。

多行文字是通过在绘图区域拖动一个窗口作为书写文字的指定区域。

当指定了第一角点后拖动光标，屏幕上会出现一个动态的矩形框，此时可指定第二角点，AutoCAD 弹出"多行文字编辑器"对话框，如图 8-18 所示，此时在指定区域可以注写多行文字。

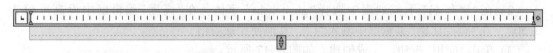

图 8-18　多行文字编辑器对话框

若要编辑"多行文字编辑器"中显示的段落文字，应先选择文字，然后单击鼠标右键选"编辑多行文字"，在弹出的"多行文字编辑器"对话框中对文字进行编辑，点击"确定"按钮完成多行文字的注写。也可双击已经注写完成的多行文字，弹出"多行文字编辑器"对话框，对其进行编辑。

第七节 尺寸标注样式的定义

制图标准对尺寸标注的格式也有具体的要求，如尺寸界线和尺寸线、尺寸文字、尺寸终端等。本节将介绍如何定义符合制图标准的尺寸标注样式。

一、建立符合国标的尺寸样式

1. 新建名为"制图国标"尺寸标注样式

定义尺寸标注样式的命令为 DIMSTYLE。单击"格式"工具栏中的"标注样式"按钮，或单击菜单"标注"/"标注样式"，即执行 DIMSTYLE 命令，打开"标注样式管理器"对话框，如图 8-19 所示。

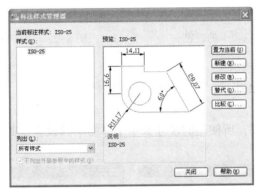

图 8-19 标注样式管理器对话框

建立一个样式名为"制图国标"的尺寸标注样式：单击对话框中的"新建"按钮，打开"创建新标注样式"对话框，如图 8-20(a)所示，在"新样式名"文本框中输入"制图国标"，其余设置采用默认状态，如图 8-20(b)所示，然后单击"继续"按钮，弹出新建的尺寸样式对话框，该对话框共有直线、符号和箭头等七个选项卡，通过对这七个选项卡的设置，完成新建尺寸样式中尺寸线、尺寸界线、符号和箭头、文字等方面的设置。

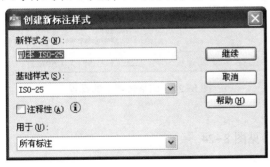

(a) 创建新标注样式对话框

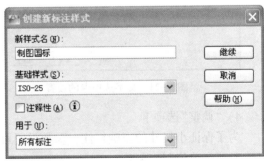

(b) 新样式命名

图 8-20 "制图国标"尺寸标注样式的建立

2. 尺寸标注选项卡的设置

1)"线"选项卡

尺寸线和尺寸界线的参数设置如图 8-21 所示。

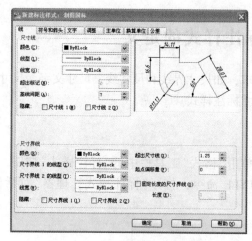

图 8-21　线选项卡的设置

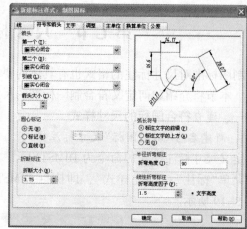

图 8-22　符号和箭头选项卡的设置

2）"符号和箭头"选项卡

其参数设置如图 8-22 所示，其中箭头大小的取值为 3。

3）"文字"选项卡

其参数设置见图 8-23，所使用的尺寸数字字体需单独设置，此处为预先设置好的"尺寸数字"样式。

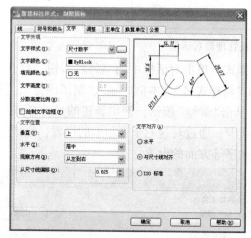

图 8-23　文字选项卡的设置

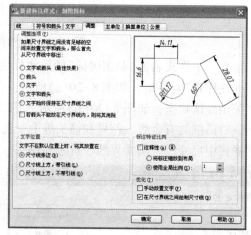

图 8-24　调整选项卡的设置

4）"调整"选项卡

为了保证小尺寸的正确标注，参数设置可参见图 8-24。

5）"主单位"选项卡

尺寸标注的数字的精度要依照所绘图形确定，此处设置长度和角度均为整数，如图 8-25所示。采用 1∶1 比例绘图时，测量单位的比例因子选 1，否则，依据绘图比例进行相应倍数的放大或者缩小。例如绘图比例为 1∶2 时，此时测量单位比例因子应为 2。

6）"换算单位"和"公差"选项卡

均采用缺省设置。

所有选项卡参数设置完成后，点击"确定"按钮，完成尺寸样式的设置。设置结果如

图 8-26 所示，可以通过预览区域进行尺寸样式的预览。

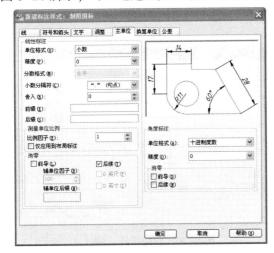

图 8-25　主单位选项卡的设置

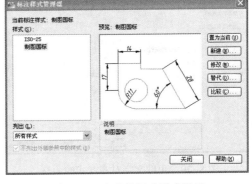

图 8-26　完成的尺寸样式设置

3. 建立子标注样式

子标注样式可以使角度、直径和半径等尺寸按照各自不同的参数进行标注，从而满足国标的要求。

1) 角度子标注样式

在上述完成的"制图国标"的尺寸样式中，角度的标注仍不符合国标要求，需单独将角度标注的数值设置成水平方向。

如图 8-26 所示，选中"制图国标"的尺寸样式，然后点击"新建"按钮，弹出如图 8-27 所示的对话框，在"用于"列表中选"角度标注"，如图 8-28 所示。然后点击"继续"按钮，弹出如图 8-29 所示的对话框后，选择"文字"选项卡，其他参数采用以前的设置，选文字对齐方式为"水平"（原来的方式为"与尺寸线对齐"），点击"确定"按钮即可。建立角度标注子样式后的"制图国标"的尺寸标注样式如图 8-30 所示。

图 8-27　创建子标注样式对话框

图 8-28　"用于"角度标注

2) 半径和直径标注子样式

选中"制图国标"的尺寸样式，然后点击"新建"按钮，弹出如图 8-26 所示对话框，在"用于"一栏点选"半径标注"，如图 8-31(a) 所示，然后点击"继续"按钮，在弹出如图对话框后，选择"文字"选项卡，其他参数采用以前的设置，选文字对齐方式为"ISO 标准"，点击"确定"按钮即可。

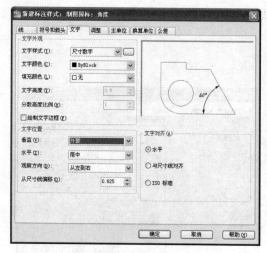

图 8-29　角度文字对齐方式的调整

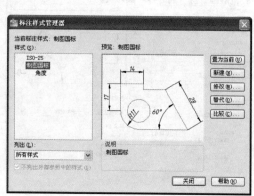

图 8-30　角度子样式的建立

建立直径标注子样式与半径标注子样式基本相同，只是"用于"一栏中选择"直径标注"即可，如图 8-31(b)所示。

完成的符合国标的制图国标标注样式如图 8-32 所示。

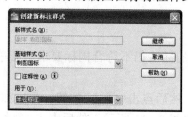

(a) 半径子样式的建立

(b) 直径子样式的建立

图 8-31　半径和直径子样式的建立

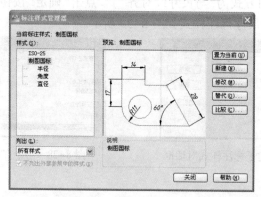

图 8-32　带有子标注样式的制图国标样式

二、尺寸标注样式的使用

1. 尺寸标注之前的准备工作

为图形标注尺寸时，首先要建立相应的尺寸标注图层，并置为当前；然后定义符合国标的数字样式和尺寸标注样式，可参见前面介绍的定义"制图国标"标注样式的内容；最后打开"标注"工具栏，开始为图形标注尺寸。

2. 尺寸标注的命令

表 8-11 列出了常用尺寸标注命令的图标、名称与简化命令。

表 8-11 常用尺寸标注命令的图标、名称与简化命令

图 标	名 称	简化命令	图 标	名 称	简化命令
⊢⊣	线性标注	L	🔲	等距标注	P
↘	对齐标注	G	⊥	折断标注	K
⌒	弧长标注	H	⊞	公差标注	T
🔲	坐标标注	O	⊙	圆心标记	M
⊙	半径标注	R	⊠	检验	I
⌒	折弯标注	J	⋀	折弯线性	J
⊘	直径标注	D	⊿	编辑标注	DIMED
△	角度标注	A	A	编辑标注文字	X
🔲	快速标注	QDIM	🔲	标注更新	U
⊢⊣	基线标注	B	⊿	标注样式	S
⊢⊣⊢	连续标注	C			

3. 尺寸标注的编辑

尺寸的编辑命令有编辑标注和编辑标注文字。编辑标注的命令 ⊿，其功能是编辑标注文字和尺寸界线；编辑标注文字的命令 A，其功能是改变标注文字的位置。除此之外，还可以双击需要编辑的标注，在打开的"对象特性"对话框中进行修改。

一般情况下不要用分解命令分解尺寸标注，一旦分解就失去了其标注的关联性，不利于编辑。

三、尺寸公差标注

零件图中，一些重要尺寸需要标注尺寸公差。如图 8-33 所示，注出尺寸公差数值的形式有对称公差和极限偏差两种形式。

对称公差形式的公差标注，在输入公差数值前面的正负号时，使用%%P 代码即可。

极限偏差形式的公差标注，需要利用多行文字中的堆叠功能实现。具体操作方法如下：

（1）首先选择线性尺寸标注，在命令行出现如图 8-34 所示的提示时，右击鼠标，选择"多行文字"，弹出多行文字对话框。

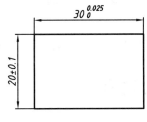

指定尺寸线位置或

[多行文字(M)/文字(T)/角度(A)/水平(H)/垂直(V)/旋转(R)]:

图 8-33 尺寸公差的标注　　　　　图 8-34 多行文字的选择

（2）在多行文字对话框中，输入如图 8-35（a）所示的数据，即尺寸及极限偏差数据，注意极限偏差的上偏差 0.025 和下偏差 0 之间的分隔符号"^"，即 0.025^0。

（3）然后选中极限偏差部分即 0.025^0，单击上面的"堆叠"图标，完成上下偏差的堆叠，完成尺寸公差的标注如图 8-35（b）所示。

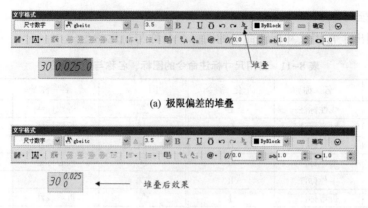

(a) 极限偏差的堆叠

（b）极限偏差堆叠后

图 8-35　极限偏差的堆叠

四、形位公差标注

在零件图的技术要求中，除尺寸公差外，还要标注出形位公差，形位公差表示形状、轮廓、方向、位置和跳动的允许偏差。

形位公差的标注方法如下：

（1）点击"标注"工具栏上的"公差"图标，弹出"形位公差"对话框如图 8-36(a)所示，在该对话框中完成特征控制框指定符号和值。

（2）依照形位公差的各项要求，点击符号、公差或者基准分栏的黑色方框，选择公差符号、公差带形式和基准代号字母等内容，也可在公差或者基准分栏内填写相应的公差数值和基准字母等符号，然后点击"确定"，完成形位公差的设置，如图 8-36(b)所示。

（3）上述方法标注的形位公差没有指引线，指引线需另外绘制。

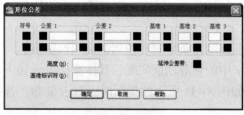

（a）形位公差对话框

（b）形位公差对话框的使用

图 8-36　形位公差对话框

使用"快速引线"（QLEADER）命令可以标注带引线的形位公差，请读者自行学习。

第八节　样板文件的建立

一、建立样板图的意义

绘图环境设置的正确与否直接影响绘图的效率和质量。前面介绍的有关绘图单位、绘图界限、图层、文字样式和标注样式等内容，均为绘图环境的内容，完成绘图环境的设置后，将其保存为自己的样板文件，方便以后使用。通过样板创建新图形，可以避免一些重复性操作，提高绘图效率，保证工程图样的标准性和一致性。

AutoCAD 样板文件是扩展名为 .dwt 的文件，文件上除了包含与绘图相关的标准（或通用)设置，如图层、文字标注样式及尺寸标注样式的设置等之外，也可包括一些通用图形对象，如图幅框、标题栏和块等内容。

二、样板图的建立与使用

1. 样板文件的建立

介绍符合国家标准的机械图样样板图的建立过程。

1) 绘图单位设置

选择"格式"/"单位"命令，即执行 UNITS 命令，在打开的"图形单位设置"对话框中，依据所绘图形精度确定长度尺寸和角度尺寸的单位格式以及对应的精度。

机械制图中，长度的类型一般选择小数，精度为整数，角度的类型为十进制度数，精度设置要参照具体图样的要求，此处精度设置为整数，如图 8-7 所示。

2) 绘图界限的设置

依照所绘制图形的图纸幅面来完成绘图界限的设置，单击菜单栏中的"格式"/"图形界限"命令完成设置，具体方法参见本章第四节相关内容。需要强调的是绘图界限设置完成后还需要利用开/关命令控制其是否生效。

3) 图层设置

绘制机械图时，通常需要设置粗实线、细实线、中心线、虚线(图中如有虚线时需设置)、尺寸标注、剖面线、文字和图幅层等图层。单击菜单栏中的"格式"/"图层"，打开图层管理器，在此完成设置，具体见图 8-37。

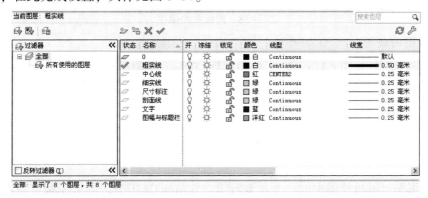

图 8-37　图层的设置

4) 文字样式

图样中需要注写的文字包括汉字、数字与字母等，正确设置这些文字的样式是非常重要的。单击菜单栏中的"格式"/"文字样式"，打开文字样式对话框，在此完成符合国标的汉字样式和符合国标的数字样式设置，具体设置参见图 8-16 和图 8-17。

5) 尺寸样式

在设置符合国标的尺寸样式之前，应先建立好符合国标的数字样式，具体方法参见第八章第七节的相关内容。

2. 样板文件的保存

在完成绘图单位设置、绘图界限的设置、图层设置，定义了文字样式与尺寸样式之后，就形成了一个满足国家标准的机械制图的样板文件，如有必要，还可以进行其他设置，如增加图框与标题栏等内容，然后将其存为样板文件的形式。

选择"文件"/"另存为"命令，打开"图形另存为"对话框。从图 8-38 中可以看出，指定文件名为"制图样板"，通过"文件类型"下拉列表将文件保存类型选择为"AutoCAD 图形样板（*.dwt）"选项，这样"制图样板.dwt"文件就会默认保存在 AutoCAD 安装文件夹下的 Template 文件夹中。该文件夹中有许多 AutoCAD 提供的样板文件，可以酌情选用。

图 8-38　样板图的保存

3. 样板图的使用

打开建立好的样板图文件，例如"制图样板.dwt"，然后点击"文件"/ 另存为（.dwg）的文件格式，即可开始绘制新图形。当用户基于某一样板文件绘制新图形并以.dwg 格式保存后，所绘图形对原样板文件无影响。

第九节　图形的输出

输出图形是计算机绘图中的一个重要环节。在 AutoCAD 中，可从模型空间直接输出图形，也可设置布局从图纸空间输出图形。本节重点介绍从模型空间输出图形的方法。

一、打印对话框的打开

点击"文件"/"打印"，弹出如图 8-39 所示的打印对话框，完成"打印机/绘图机"、"图纸尺寸"、"打印区域"、"打印偏移"和"打印比例"等参数的设置。

二、打印参数的设置

1. 打印机/绘图仪的选择

选择联机的打印机/绘图仪的型号，也可选用 CAD 自带的虚拟打印机，实现打印到文件。

2. 图纸尺寸的选择

可以根据用户的要求进行常用图幅的选择，也可以自定义大小。

3. 打印范围的选择

有五个选项，其用来指定打印的范围：

(a) 打印对话框　　　　　　　　　　　　　　(b) 打印其他参数的选择

图 8-39　打印对话框

（1）"界限"选项钮　选中它，将打印 Limits 命令所建立图界内的所有图形。

（2）"范围"选项钮　选中它，将打印当前图形中所有实体。

（3）"显示"选项钮　选中它，将打印当前所看到的图面。

（4）"视图"选项钮　选中它，将打印用 VIEW 命令保存的视图。

（5）"窗口"选项钮　选中它，将打印指定窗口内的图形部分。其应配合右边的"窗口"按钮进行。

4. 打印偏移

可以指定原点打印，或者居中打印，通常指定居中打印，图形会位于图纸的正中。

5. 打印比例

可以选择布满图纸，或者指定比例的打印。用户在绘图时，最好首先确定好图幅大小，完成绘图后，在打印时选择该图幅的图纸尺寸再选择 1∶1 比例打印。

6. 其他参数的设置

其他参数的设置，如"横向"、"纵向"打印可以单击图 8-39(a) 对话框右下角的箭头按钮 在弹出的对话框[见图 8-39(b)]中进行设置。"纵向"选项钮：选择该项，无论图纸是纵向还是横向，输出图样的长边都与图纸的长边垂直；"横向"选项钮：选择该项，无论图纸是纵向还是横向，输出图样的长边都与图纸的长边平行。

7. 打印预览

"打印预览"功能可以帮助用户在打印前对打印效果进行预览，方便用户高效、准确地完成打印。

第十节　创建与使用图块

AutoCAD 把图块当作一个单一的实体来处理，利用 AutoCAD 的图块功能，可把工程图中常用的一些重复出现的结构，如表面粗糙度符号等，作成图块存放在一个图形库中，当绘制这些结构时，就可以用插入图块的方法来实现，这样可避免大量的重复工作，从而提高绘图速度。

一、用 BLOCK 命令与 WBLOCK 命令创建图块

在 AutoCAD 中，用 BLOCK 命令可创建附属图块，用 WBLOCK 命令可创建独立图块。这两个命令所创建的图块均是使用"插入块"命令(INSERT)来插入的。

1. 用创建块命令(BLOCK)创建附属图块

(1) 绘制完成块的图形，如定义粗糙度符号为块，需要绘制出粗糙度的符号，其基本符号参见图 6-30。

(2) 调用创建块命令(BLOCK)：

调用创建块命令有三种方式：从工具栏单击"定义图块"按钮 ；拉下拉菜单选取"绘制"/"图块"/"创建…"；从键盘键入 BLOCK 后回车。

(3) 命令的操作：调用创建块命令后立刻弹出"块定义"对话框，如图 8-40 所示。

图 8-40   块定义对话框

① 输入要创建的附属图块的名称；

② 确定图块的插入点；

③ 选择要定义成块的图形或实体；

④ 完成创建。

2. 用写块命令(WBLOCK)创建独立图块

(1) 绘制完成块的图形，如定义粗糙度符号为块，需要绘制出粗糙度的符号，其基本符号参见图 6-30。

(2) 调用写块命令(WBLOCK)：该命令只能从键盘键入 WBLOCK。

(3) 命令的操作：输入写块命令后，弹出"写块"对话框，如图 8-41 所示。

① 选择要定义的实体；

② 确定图块的插入点；

③ 输入要创建的独立图块的名称及路径；

④ 完成创建。

3. 插入块的操作

用 BLOCK 命令创建的附属图块和用 WBLOCK 命令创建的独立图块，均是使用"插入块"命令(INSERT)来插入的。

用插入块命令(INSERT)或从绘图工具栏单击"插入图块"按钮 ，调出插入块对话框，如图 8-42 所示，通过选择图块、指定插入点、比例因子和旋转角度等操作，实现块的插入。

图 8-41　写块对话框　　　　　　　　　　图 8-42　插入块对话框

用 BLOCK 命令与用 WBLOCK 命令创建的图块其保存形式是不同的。前者是保存在某一个特定图形文件中，附属图块只能用在图块所在的那张图上，不能用于其他图，所以当创建的图块在图上用量很大，而且其他图又不需要使用它时，应使用该命令。这种图块无论是否使用都在此图形文件中占有容量。

用 WBLOCK 命令创建的独立图块，则是以一个独立图形文件的形式存在，它可以在任何图形中被调进插入其中，而且该图块是独立的，不调入时不会占有所绘图的磁盘空间，所以当创建的图块要在多张图中使用时，应用 WBLOCK 命令创建独立图块(相当于建图形库)。

无论用哪个命令来创建图块，组成图块的图形都必须事先画出，而且必须是可见的。

二、图块的层

组成图块的图形或者实体所处的图层是非常重要的。图块可以由绘制在若干图层上的实体组成，AutoCAD 将图层的信息保留在图块中。

插入图块时，AutoCAD 有如下约定：插入图块时，图块中位于 0 图层上的实体被绘制在当前图层上；图块中位于其他图层上的实体仍在它原来的图层上绘出。若当前图形中有与图块同名的图层，则图块中该图层上的实体绘制在当前图中同名的图层上；若有不同名的图层，AutoCAD 将给当前图增加相应的图层。

第九章 AutoCAD 绘图实例

第一节 平面图形的绘制

绘制平面图形是绘制工程图样的基础，平面图形包括直线和圆弧连接，可以利用 AutoCAD 提供的绘图工具、编辑工具以及对象捕捉工具完成准确绘图。下面通过绘制 9-1 所示平面图形说明绘图的方法和步骤。

一、绘图环境的设置

如第八章所述，绘图环境的设定主要包括绘图单位、绘图界限、文字样式、标注样式以及图层的设置等。打开"制图样板.dwt"文件，将该文件另存为"平面图形.dwg"，开始绘图。

二、绘图方法和步骤

1. 绘制中心线

首先将"中心线"图层置为当前，在该图层内绘制如图 9-2 所示各中心线，个别中心线的长度可在完成图形后，利用"夹点"的移动功能调节其长度。

2. 绘制已知线段

将粗实线图层置为当前，完成以下各已知线段的绘制。

所谓已知线段是指定形尺寸和定位尺寸齐全的线段，这些线段可最先绘出。如图 9-3 所示，其中 R16 的圆弧先按照圆绘制，之后通过修剪获得圆弧。

3. 绘制中间线段及绘制连接弧

如图 9-1 所示，与 R16 和 R12 相切的直线为中间线段，靠近水平轴线左侧 R16 的公切弧及圆弧 R12 均为连接弧。

R16 的公切弧利用"相切、相切、半径"画圆的方法绘制，然后"修剪"即可，也可使用"倒圆角"命令绘制该圆弧，如图 9-4 所示。

与 R16 和 R12 相切的直线，利用"偏移"命令将轴线偏移，如图 9-5 所示，然后"修剪"，将其转换到粗实线图层即可，如图 9-6 所示。

利用"倒圆角"命令，完成如 R12 圆弧的绘制，如图 9-7 所示。

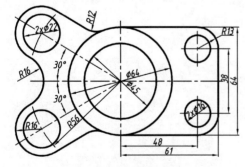

图 9-1　平面图形

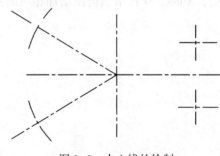

图 9-2　中心线的绘制

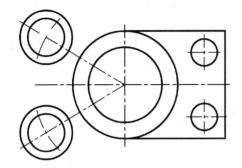

图 9-3　绘制已知线段

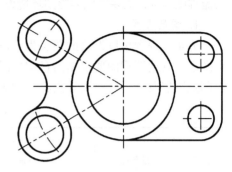

图 9-4　倒圆角及相切圆弧的绘制

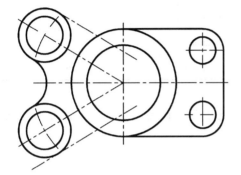

图 9-5　利用偏移命令绘制切线

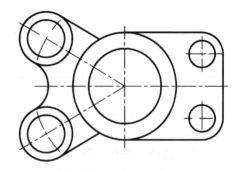

图 9-6　修剪切线

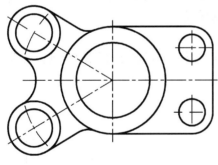

图 9-7　倒圆角

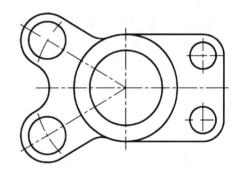

图 9-8　整理图线

4. 标注尺寸

平面图形画完后，需按照正确、完整、清晰的要求来标注尺寸。将"尺寸标注"图层置为当前，完成定形尺寸和定位尺寸标注。

5. 检查与整理图形

检查图形绘制是否正确、图线是否在所在图层、尺寸标注是否正确、尺寸分布是否合理等，由于中心线或者定位轴线往往是最先绘制的，后期可能需要调整其长度，如图 9-8 所示。

第二节　流程图的绘制

一、绘图环境的设置

绘图前，首先要根据所绘图样的内容，完成绘图环境的设置，以图 2-1 所示的乙炔合成方案流程图为例，需要完成的绘图环境设置包括图层的设置、符合国标的汉字样式的设置等。

1. 图层设置

方案流程图可以设置的图层为：设备示意图及设备的标注层，管道流线层及图纸幅面三个图层，其他流程图要根据内容增加图层，如带控制点的工艺流程图中需要设置阀门及仪表控制点图层及管道标注层等内容，如表 9-1 所示。

表 9-1　流程图图层的设置

图层名称	颜　色	线　型	线宽/mm
设备示意图及设备标注	自选	Continuous	0.25
管道流线	自选	Continuous	主流程 0.9，辅流程 0.5
图幅与标题栏	自选	Continuous	0.25
阀门及仪表	自选	Continuous	0.25
管道标注	自选	Continuous	0.25

2. 文字样式的设置

设定符合国标的汉字样式用于流程图的标题栏的填写及设备的标注，设置方法参见第八章。

二、绘图方法和步骤

1. 图框与标题栏的绘制与填写

根据流程图的复杂程度，选择图纸幅面的大小，在"图幅与标题栏"图层，完成图框与标题栏的绘制与填写，在填写汉字时，要注意汉字的样式。

2. 绘制设备示意图

按照流程从左到右依次在设备示意图及设备标注图层完成设备示意图的绘制，各设备或者机器之间要留有一定的间距，以便布置管道流程线，如图 9-9 所示。

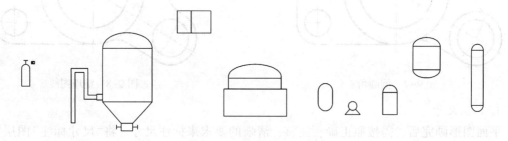

图 9-9　绘制设备示意图

3. 绘制流程线及表明流线的箭头

在管道流线层，用宽度为 0.9mm 的粗实线绘制主要物料管道流程线，用线宽为 0.5mm 的粗实线绘制辅助物料管道流程线，如图 9-10 所示。箭头可使用多段线命令进行绘制。

4. 设备的标注

在设备示意图及设备标注层中完成设备位号与名称的标注，标注时注意纵向要与设备所在位置对正，横向也要保持对齐，此外主要物料的名称要标注在流程线的附近，完成后的图形如图 9-11 所示。

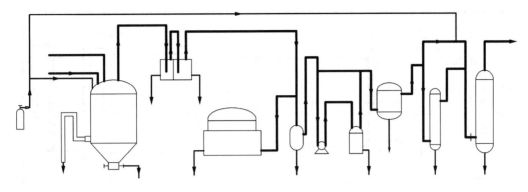

图 9-10　绘制流程线与箭头

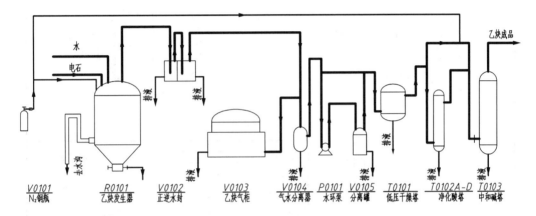

图 9-11　流程图的标注

第三节　零件图的绘制

一、样板图的使用

打开文件名为"制图样板.dwt"的样板图以后，将该文件另存为"轴.dwg"后使用样板图开始绘制零件图。

二、绘图方法和步骤

下面以图 9-12 为例介绍零件图的绘图方法和步骤。

1. 绘制图幅及标题栏

根据图形尺寸，选择绘图比例，确定图幅后绘制图框及标题栏，通常需要为图框与标题栏设置一图层，用于图框线、标题栏和标题栏文字的注写。本次绘图选择三号图纸即 A3 的图幅，完成的图幅和标题栏如图 9-12 所示。

2. 绘制定位线

将中心线层置为当前，绘制长约 270mm 的点画线。

3. 绘制基本视图

（1）将粗实线置为当前，按尺寸绘制轴的上半部分，如图 9-13 所示。

（2）使用"镜像"命令，完成轴的下半部分。

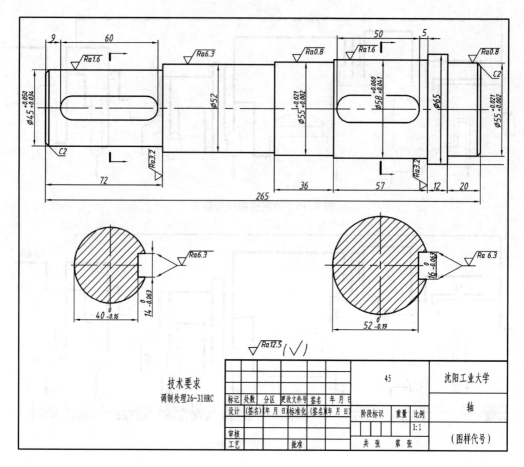

图 9-12 轴

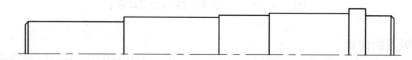

图 9-13   轴线与轴的上半部分的绘制

（3）完成轴上两处键槽的绘制，如图 9-14 所示。

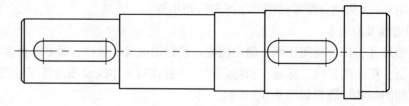

图 9-14   键槽的绘制

4. 绘制其他辅助视图

完成两处移出断面图的绘制。其中剖面线要绘制在"剖面线"图层，注意两处剖面线密度与倾斜方向要一致，如图 9-15 所示。

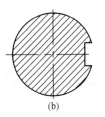

(a)　　　　　　　　　　　　　　(b)

图 9-15　移出断面图

5. 标注

可将尺寸标注、粗糙度及形位公差设置放在同一图层作为标注层。

（1）标注尺寸，先标注没有公差要求的尺寸，再标注有公差要求的尺寸，利用尺寸编辑命令对完成的尺寸进行编辑。

（2）完成移出断面图的标注。

（3）标注表面粗糙度，可以预先将粗糙度符号定义为图块，利用插入块命令调入进行标注。

（4）标注形位公差，形位公差的基准符号也可定义为块，方便重复使用。

（5）注写技术要求文字，一般技术要求文字要用多行文字进行注写，便于编辑。

6. 检查与整理

整理中心线与轴线长度，检查图形、线型、图层、尺寸标注等内容，完成图形。

第四节　化工设备装配图的绘制

一、装配图的绘制方法

利用 CAD 绘制装配图，有两种方法，其一为由零件图拼画装配图，其二为直接绘图。

1. 由零件图拼画装配图

由零件图拼画装配图，这种画法是建立在已经完成零件图绘制的基础上的，由于零件图的视图表达和装配图不尽相同，在拼画装配图之前，先应该做好以下工作：

（1）将标准件作为块，随时调用。

（2）统一各零件图的绘图比例。

（3）删除零件图上的尺寸。

（4）在每个零件图中选取画装配图时需要的若干视图，一般还应该根据装配图的需要，改变零件图使用的表达方法。例如，把零件图中的全剖视图改为装配图中需要的局部剖视图，将未来在装配图中零件的遮挡部分进行相应的处理。

（5）将上述处理后的各零件图保存为图块，确定利于装配图定位的插入点。

2. 直接绘制装配图

按照和手工绘制装配图一样的方法，直接绘制出装配图，这种方法简单实用。

二、储罐绘制实例

下面以图 9-16 所示的立式储罐装配图为例，介绍装配图的绘图方法与步骤。

打开文件名为"制图样板.dwt"的样板图以后，将该文件另存为"立式储罐.dwg"后使用样板图开始绘制储罐的装配图。

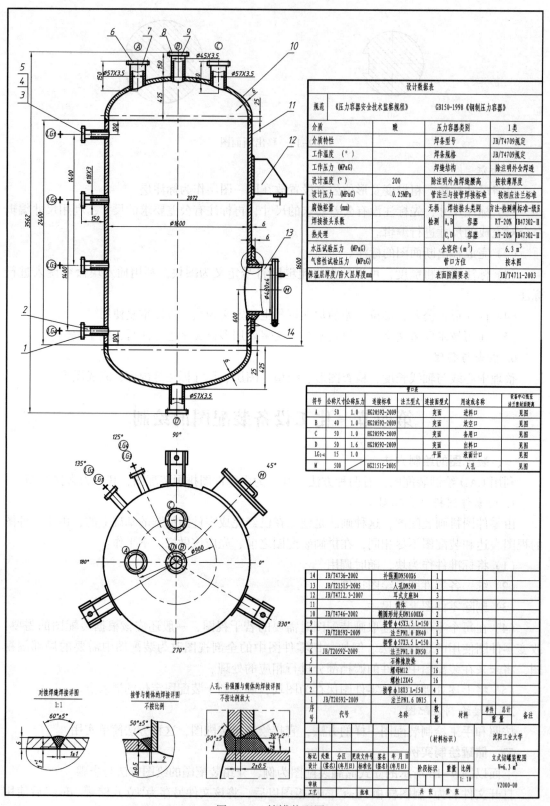

图9-16　储罐装配图

1. 确定绘图比例，绘制图幅及各种表与栏

根据图形，选择绘图比例，确定图幅后绘制图框、标题栏、明细栏、管口表和技术特性表。其中明细栏、管口表和技术特性表也可以在完成视图后进行绘制。

2. 绘制各视图

绘制视图应从主视图开始，配合俯视图或者左视图一起画。一般沿装配干线，先画主体零件，后画其他零件，先画外件，后画内件；基本视图绘制完后再绘制局部放大等辅助视图。

利用 CAD 绘制化工设备装配图应注意以下问题：

（1）装配图中的细小结构，如封头和筒体的厚度、垫片厚度等细小结构要适当采用夸大画法，以利于表达。

（2）在化工设备部件图或者装配图中，某些结构需要用局部放大图进一步表达，如焊缝的节点放大图、螺栓连接详图等。这些结构在视图的相应部位可以相应地进行简化画法。

（3）在装配图中，化工设备常用的通用零部件，如人孔、法兰及支座等均为标准件，在绘制过程中应该查阅相关标准提供的尺寸，绘制其主要结构。例如在绘制鞍式支座时，按照图中提供的相应型号，查阅相关标准(如支座的长、宽和高等主要数据以及地脚螺栓孔的孔距)进行绘制，其他部分按大致比例绘制即可。

例如，储罐应该先画筒体，接着按照封头、支座、人孔接管的顺序先绘制主视图和俯视图两个基本视图，然后绘制局部放大图。

（1）绘制主要基准线　将"中心线"图层置为当前，绘制封头与筒体的主要轴线，如图 9-17(a)所示。

（2）绘制筒体与封头　利用画"矩形"、"椭圆"和"修剪"等命令完成筒体和封头的外形绘制，然后使用"偏移"命令完成封头和筒体的壁厚绘制，此处封头和筒体的壁厚均采用了夸大画法，封头和筒体之间的焊缝可简单示意画出或者不进行绘制，此处的焊缝在局部放大图中将进行详细表达，如图 9-17(a)所示。

（3）绘制支座　按照图中提供的支座的型号，查阅相关标准获得如支座的长、宽、高以及螺栓孔的孔距等主要尺寸数据，进行绘制，如图 9-17(b)所示，先绘制支座的定位轴线，由于支座的主视图采用了"多次旋转"的表达方法，为保证主视图和俯视图的长对正关系，先将支座按照如图 9-17(b)所示俯视图的位置绘出，然后利用 CAD 的"旋转"命令，获得如图 9-17(c)所示支座的俯视图。

（4）绘制人孔与接管　绘制人孔与接管之前首先要查阅图纸和人孔的相关标准，了解相关尺寸。

在立式设备的俯视图中，人孔或者接管均采用多次旋转的表达方法，因此其画法与支座的画法相同。首先绘制人孔和接管的定位轴线，如图 9-18(a)所示；在绘制人孔与接管的过程中，直径较小的接管与法兰要采用夸大画法，如需表达人孔或者接管的壁厚，仍应使用夸大画法，具体绘图过程如图 9-18 中的图(a)、图(b)和图(c)所示。

（5）绘制局部放大图　在适当位置绘制各放大图，这些局部放大图要标注出放大比例，不按比例放大的要注明"不按比例"，具体可参见图 9-19。多于一处采用放大图的，对放大部位要进行编号。

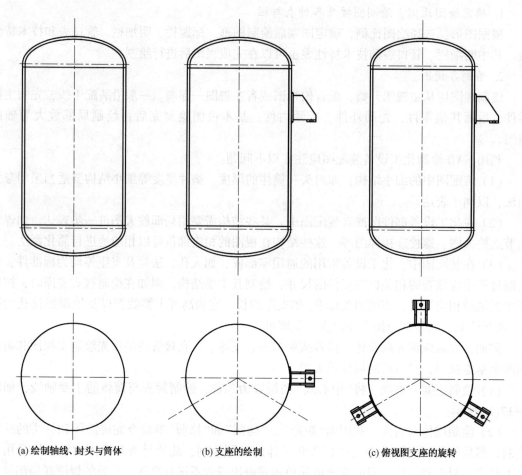

(a) 绘制轴线、封头与筒体　　　　(b) 支座的绘制　　　　(c) 俯视图支座的旋转

图 9-17　封头、筒体与支座的绘制

3. 绘制剖面线

将"剖面线"图层置为当前，利用"图案填充命令"完成各零件的剖面线的绘制。注意金属零件使用的图案名称为 ANSI31，非金属零件使用的图案名称为 ANSI37，涂黑使用的图案名称为 SOLID。

4. 标注尺寸

按照装配图的尺寸标注要求，注出五类尺寸。对于典型零部件的尺寸要进行标注，如接管的直径与壁厚，封头要注出总高、直边高、直径和壁厚等。

5. 编写序号与管口编号

序号与管口编号可以放置在标注层，也可以单独建立图层。其中序号和管口编号的字号要比尺寸标注的字号大一号。例如尺寸标注为 3.5 号字，则序号和管口编号为 5 号字；对于较大图幅的图纸，尺寸标注可以用 5 号字，则序号和管口编号为 7 号字。

6. 填写图中的表与栏、注写相关技术要求

填写图中的标题栏、明细表、管口表及技术特性表。

完成技术要求文字的注写。其中"技术要求"四个字的字号要比其下罗列的具体内容的字号大一号。例如尺寸标注为 3.5 号字，则"技术要求"为 5 号字，其下罗列的具体内容用

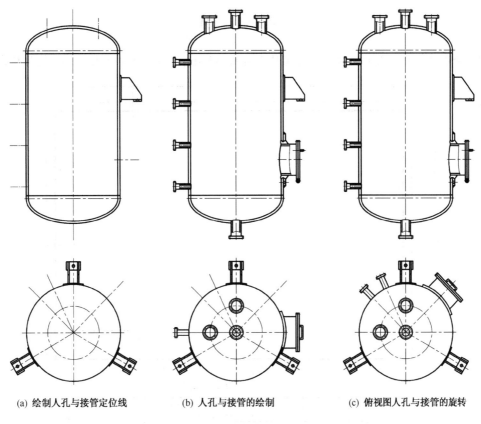

(a) 绘制人孔与接管定位线   (b) 人孔与接管的绘制   (c) 俯视图人孔与接管的旋转

图 9-18 人孔与接管的绘制

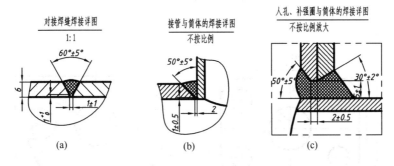

图 9-19 局部放大图

3.5 号字；对于较大图幅的图纸，尺寸标注用 5 号字，则"技术要求"为 7 号字，其具体内容用 5 号字注写。

7. 检查与整理

检查图形绘制是否正确，视图的标注是否齐全，如剖视图、向视图和局部放大图的标注是否正确、齐全。

检查图线是否在所在图层，并对需要调整长度的中心线或者轴线进行调整。

检查尺寸标注是否正确及尺寸分布是否合理等；检查各种表与栏的填写是否正确。

习　题

1. 绘制 A3 图框及标题栏，并将文件保存成 A3. dwg(标题栏为学生作业用简化格式)。

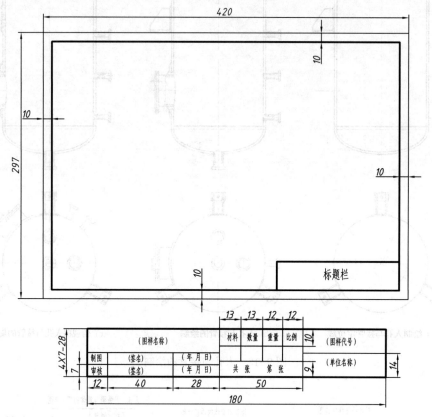

2. 绘制平面图形。

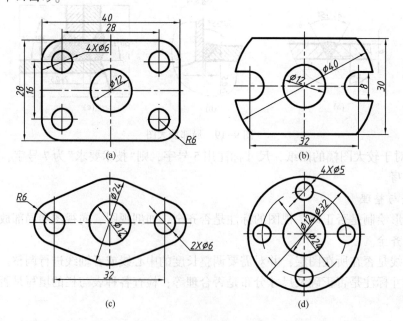

(a)　　　　　(b)

(c)　　　　　(d)

3. 绘制平面图形。

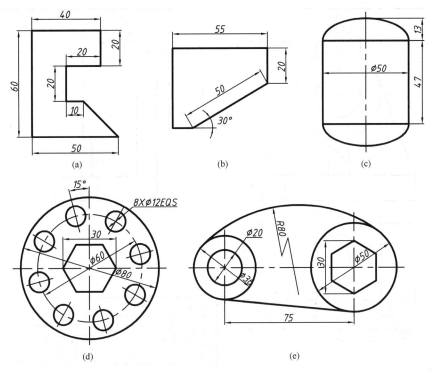

(a)   (b)   (c)

(d)   (e)

4. 绘制平面图形。

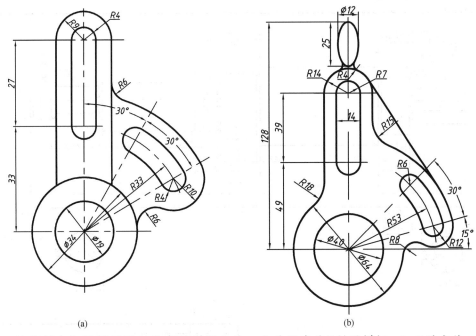

(a)   (b)

5. 建立符合机械制图国标要求的样板文件，文件保存为"制图样板.dwt"的文件。

样板图中应完成下列设置：绘图单位、文字样式、尺寸标注样式、图层、标题栏图块等绘图环境设置。

6. 绘制三视图。

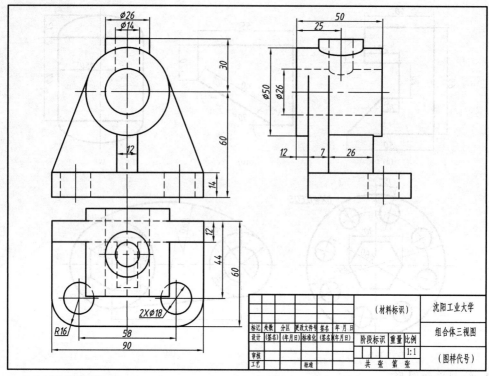

7. 绘制轴的零件图。

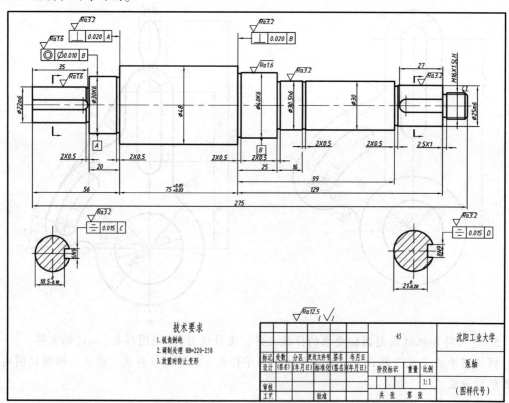

8. 阅读并绘制球阀的零件图。

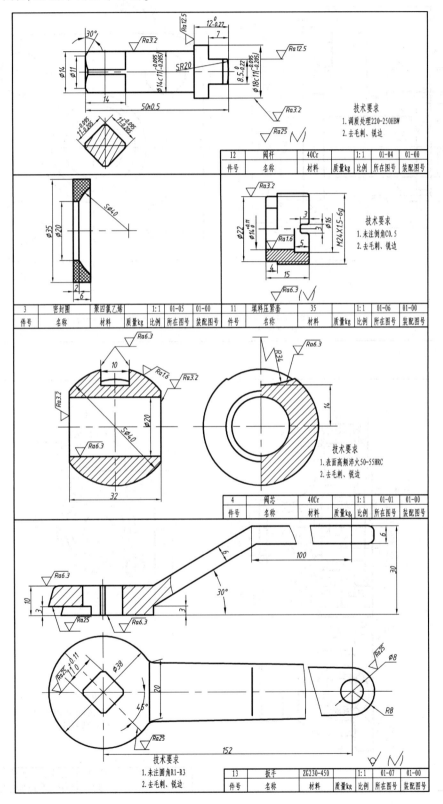

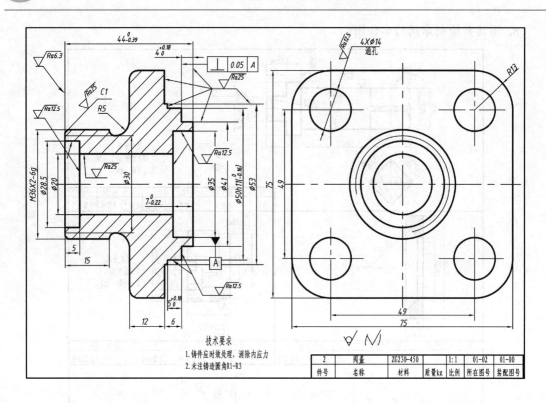

技术要求
1. 铸件应时效处理，消除内应力
2. 未注铸造圆角R1-R3

2	阀盖	ZG230-450	1:1	01-02	01-00
件号	名称	材料	质量kg 比例	所在图号	装配图号

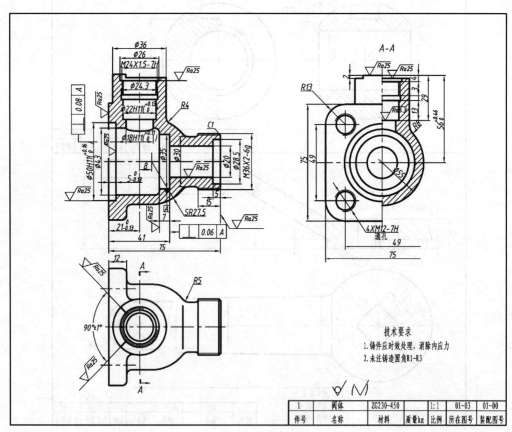

技术要求
1. 铸件应时效处理，消除内应力
2. 未注铸造圆角R1-R3

1	阀体	ZG230-450	1:1	01-03	01-00
件号	名称	材料	质量kg 比例	所在图号	装配图号

9. 阅读并绘制球阀的装配图。

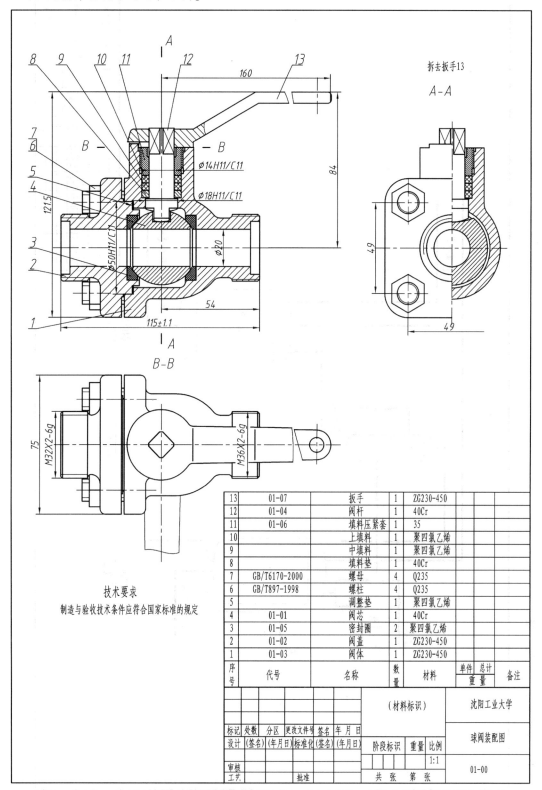

技术要求
制造与验收技术条件应符合国家标准的规定

13	01-07	扳手	1	ZG230-450			
12	01-04	阀杆	1	40Cr			
11	01-06	填料压紧套	1	35			
10		上填料	1	聚四氯乙烯			
9		中填料	1	聚四氯乙烯			
8		填料垫	1	40Cr			
7	GB/T6170-2000	螺母	4	Q235			
6	GB/T897-1998	螺柱	4	Q235			
5		调整垫	1	聚四氯乙烯			
4	01-01	阀芯	1	40Cr			
3	01-05	密封圈	2	聚四氯乙烯			
2	01-02	阀盖	1	ZG230-450			
1	01-03	阀体	1	ZG230-450			
序号	代号	名称	数量	材料	单件 总计 重量		备注

				(材料标识)	沈阳工业大学	
标记 处数 分区	更改文件号	签名 年 月 日			球阀装配图	
设计 (签名)(年月日)	标准化(签名)(年月日)		阶段标识	重量	比例	
审核					1:1	01-00
工艺	批准		共 张 第 张			

10. 阅读并绘制残液蒸馏方案流程图。

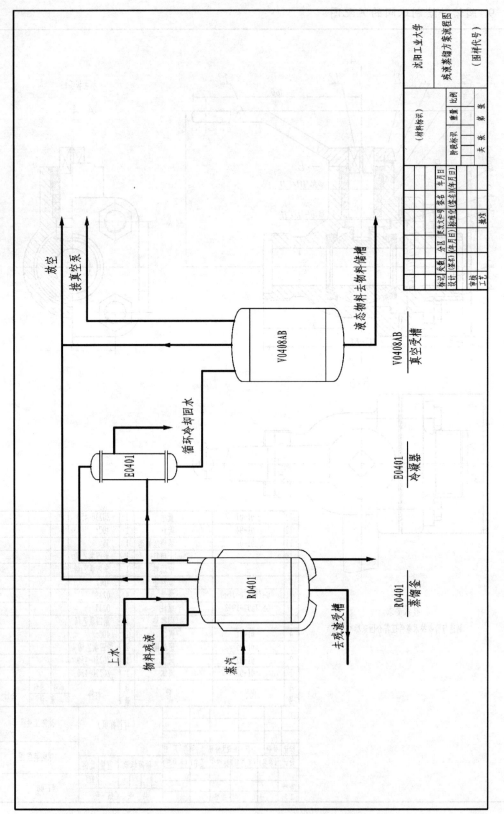

11. 阅读并绘制残液蒸馏物料流程图。

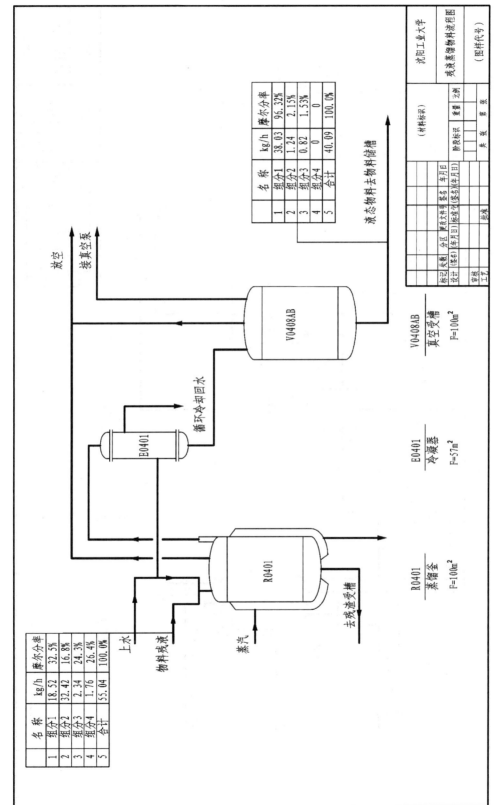

	名 称	kg/h	摩尔分率
1	组分1	18.52	32.5%
2	组分2	32.42	16.8%
3	组分3	2.34	24.3%
4	组分4	1.76	26.4%
5	合计	55.04	100.0%

	名 称	kg/h	摩尔分率
1	组分1	38.03	96.32%
2	组分2	1.24	2.15%
3	组分3	0.82	1.53%
4	组分4	0	0
5	合计	40.09	100.0%

R0401
蒸馏釜
F=100m²

E0401
冷凝器
F=57m²

V0408AB
真空受槽
F=100m²

12. 阅读并绘制带控制点残液蒸馏工艺流程图。

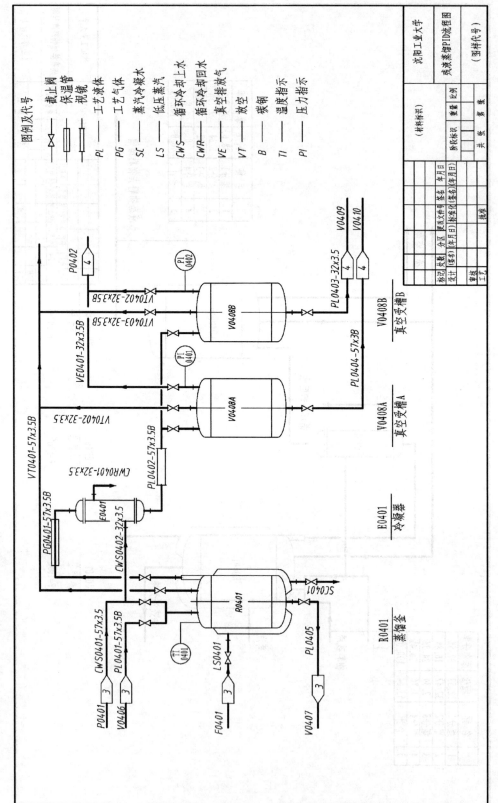

13. 阅读并绘制设备布置图。

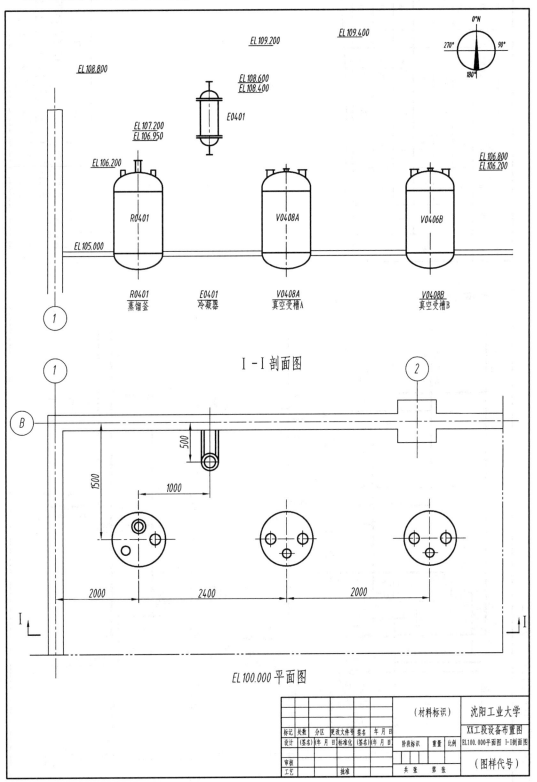

14. 阅读并绘制管道布置图。

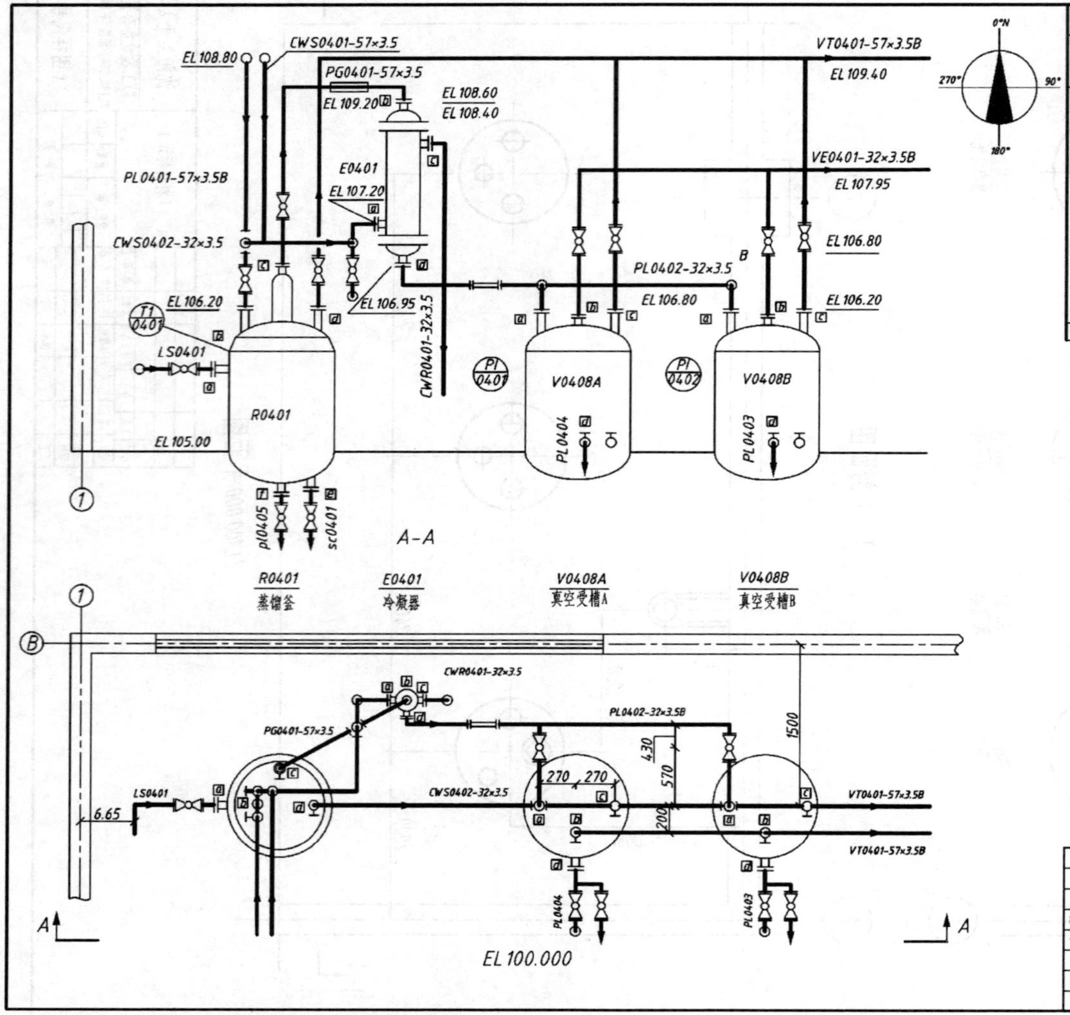

管口表

设备位号	管口符号	公称直径 DN	公称压力 PN	密封面型式	连接法兰标准号	长度	标高
R0401	a	65	1.0	RF	HG5010		105.8
	b	65	1.0	RF	HG5010		106.2
	c	65	1.0	RF	HG5010	100	106.5
	d	65	1.0	RF	HG5010		106.2
	e	50	1.0	RF	HG5010		104.5
	f	50	1.0	RF	HG5010		104.5

标记 处数 分区 更改文件号 签名 年月日	(材料标识)				沈阳工业大学		
设计 (签名)(年月日) 标准化 (签名)(年月日)	阶段标识	重量	比例		XX工段管道布置图		
审核					EL100.000平面图 A-A剖面图		
工艺 批准	共 张 第 张				(图样代号)		

15. 阅读并绘制残液蒸馏工段管道轴测图。

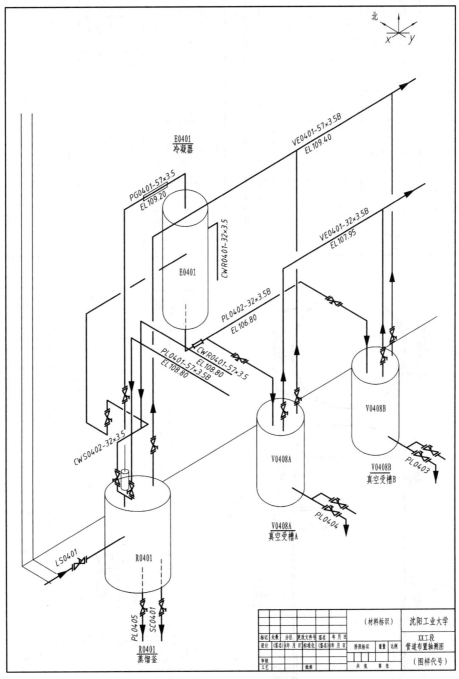

16. 阅读并绘制 E0401 冷凝器管板零件图（见图 6-25）。

17. 阅读并绘制 E0401 冷凝器折流板零件图（见图 6-26）。

18. 阅读并绘制 E0401 冷凝器左管箱零件图（见图 6-27）。

19. 阅读并绘制 E0401 冷凝器右管箱部件图（见图 6-28）。

20. 阅读并绘制 E0401 冷凝器总装配图（见图 7-1）。

21. 阅读并绘制立式储罐装配图（见图 9-16）。

22. 阅读并绘制卧式储罐装配图。

设计数据表

规范	《压力容器安全技术监察规程》	《GB150-2011《压力容器》
介质		I 类
介质特性		
工作温度 (℃)	40	压力容器类别
工作压力 (MPaG)	100	焊条型号 JB/T4709规定
设计温度 (℃)	100	焊条规格 JB/T4709规定
设计压力 (MPaG)	1.5	焊缝结构 除注明外全焊透
腐蚀裕量 (mm)		接头形式 坡口明细焊缝高度
焊接接头系数	0.85	无损检测 除注明外接管焊接坡度
热处理		管法兰与接管焊接标准
水压试验压力 (MPaG)	1	焊接接头类别 RT-20% JB4730Z-II
气密性试验压力 (MPaG)		容器 RT-20% JB4730Z-II
保温层厚度/防火层厚度mm		全容积(m³) 接苯图
		管口方位 表面涂漆要求 JB/T4711-2003

管口表

符号	公称尺寸	公称压力	连接标准	连接面形式	用途或名称
M	450		HG21515-2005	平面	人孔
A	200	1.6	HG20592-2009	平面	进气口
B	20	1.6	HG20592-2009	平面	排气口
C	200	1.6	HG20592-2009	平面	出料口
D	20	1.6	HG20592-2009	平面	排污口

3	JB/T4736-2002				补强圈DN450	1	Q235-A			见图
2	JB/T4746-2002				封头	2	Q235-A			见图
1					筒体	1	Q235-A			见图
序号	代号				名称	数量	材料	单件	总计	备注

设备名称及规格 | 卧式储罐 V3002-00

沈阳工业大学 | H=2900 | 比例 1:10

明细表

14	JB/T20592-2009				法兰DN20-1.6	1	Q235-A	10		组合件
13	JB/T4712-2007				接管	1	10			
12	JB/T4712-2007				鞍座B1200-F	1	组合件			
11	JB/T4712-2007				鞍座B1200-S	1	Q235-A			组合件
10	JB/T20592-2009				法兰DN200-1.6	1	10			
9	JB/T20592-2009				接管	1	Q235-A			
8	JB/T20592-2009				法兰DN20-1.6	2	Q235-A			组合件
7	JB/T20592-2009				接管	1	10			
6	JB/T20592-2009				法兰DN200-1.6	1	Q235-A			组合件
5	JB/T21515-2005				人孔DN450	1	组合件			

附录一　常用螺纹紧固件

一、螺栓

六角头螺栓—C 级（GB/T5 780—2000）　　　　　六角头螺栓—A 和 B 级（GB/T 5782—2000）

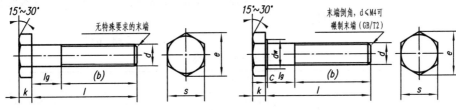

标记示例：

螺纹规格 d＝M12、公称长度 l＝80mm、性能等级为 8.8 级、表面氧化、A 级的六角头螺栓：

螺栓 GB/T 5782—2000 M12×80

附表 1-1　六角头螺栓　　　　　　　　　　　　　　　　　mm

螺纹规格 d			M3	M4	M5	M6	M8	M10	M12	M16	M20	M24	M30	M36	M42
b 参考	l≤125		12	14	16	18	22	26	30	38	46	54	66	—	—
	125<l≤200		18	20	22	24	28	32	36	44	52	60	72	84	96
	l≥200		31	33	35	37	41	45	49	57	65	73	85	97	109
c			0.4	0.4	0.5	0.5	0.6	0.6	0.6	0.8	0.8	0.8	0.8	0.8	1
d_w	产品等级	A	4.57	5.88	6.88	8.88	11.63	14.63	16.63	22.49	28.19	33.61	—	—	—
		B C	4.45	5.74	6.74	8.74	11.47	14.47	16.47	22	27.7	33.25	42.75	51.11	59.95
e	产品等级	A	6.01	7.66	8.79	11.05	14.38	17.77	20.03	26.75	33.53	39.98	—	—	—
		B C	5.88	7.50	8.63	10.89	14.20	17.59	19.85	26.17	32.95	39.55	50.85	60.79	72.02
k公称			2	2.8	3.5	4	5.3	6.4	7.5	10	12.5	15	18.7	22.5	26
r			0.1	0.2	0.2	0.25	0.4	0.4	0.6	0.6	0.8	0.8	1	1	1.2
s公称			5.5	7	8	10	13	16	18	24	30	36	46	55	65
l（商品规格范围）			20~30	25~40	25~50	30~60	40~80	45~100	50~120	65~160	80~200	90~240	110~300	140~360	160~400
l系列			12, 16, 20, 25, 30, 35, 40, 45, 50, (55), 60, (65), 70, 80, 90, 100, 110, 120, 130, 140, 150, 160, 180, 200, 220, 240, 260, 280, 300, 320, 340, 360, 380, 400, 420, 440, 460, 480, 500												

注：（1）A 级用于 d≤24mm 和 f≤10d 或 ≤150mm 的螺栓；B 级用于 d>4mm 和 d>10mm 或 d>150mm 的螺栓。

　　（2）螺纹规格 d 范围 GB/T 5780 为 M5~M64；GB/T 5782 为 M1.6~M64。

　　（3）公称长度 l 范围 GB/T 5780 为 25~500；GB/T 5782 为 12~500。尽可能不用 l 系列中带括号的长度。

　　（4）材料为钢的螺栓性能等级有 5.6、8.8、9.8、10.9 级其中 8.8 为常用。

二、螺母

六角螺母—C 级(GB/T 41—2000)

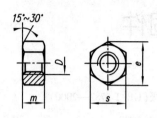

Ⅰ型六角螺母—A 级和 B 级(GB/T 6170—2000)

标记示例:

螺母规格 D = M12、性能等级为 5 级、不经表面处理、C 级的六角螺母:

螺母 GB/T 41—2000 M12

螺母规格 D = M12、性能等级为 8 级、不经表面处理、A 级的 Ⅰ型六角螺母:

螺母 GB/T 6170—2000 M12

附表 1-2   螺母   mm

螺纹规格 D		M3	M4	M5	M6	M8	M10	M12	M16	M20	M24	M30	M36
e	GB/T 41—2000	—	—	8.63	10.89	14.20	17.59	19.85	26.17	32.95	39.55	50.85	60.79
	CB/T 6170—2000	6.01	7.66	8.79	11.05	14.38	17.77	20.03	26.75	32.95	39.55	50.85	60.79
s	GB/T 41—2000	—	—	8	l0	13	16	18	24	30	36	46	55
	GB/T 6170—2000	5.5	7	8	10	13	16	18	24	30	36	46	55
m	GB/T 41—2000	—	—	5.6	6.1	7.9	9.5	12.2	15.9	18.7	22.3	26.4	31.5
	GB/T 6170—2000	2.4	3.2	4.7	5.2	6.8	8.4	10.8	14.8	18	21.5	25.6	31

注:A 级用于 D≤M16;B 级用于 D>M16。

三、螺钉

1. 开槽圆柱头螺钉(GB/T 65—2000)

标记示例:

螺纹规格 d = M5、公称长度 l = 20mm、性能等级为 4.8 级、不经表面处理的开槽圆柱头螺钉:

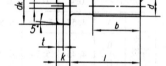

螺钉 GB/T 65 M5×20

附表 1-3   开槽圆柱头螺钉   mm

螺纹规格 d	M3	M4	M5	M6	M8	M10
P(螺距)	1	1.4	1.6	2	2.5	3
b	25	38	38	38	38	38
d_k	5.5	7	8.5	10	13	16
k	2	2.6	3.3	3.9	5	6
n	0.8	1.2	1.6	2	2.5	n公称
r	0.1	0.2	0.2	0.25	0.4	0.4
t	0.85	1.1	1.3	1.6	2	2.4
公称长度 l	4~30	5~40	6~40	8~40	10~40	12~40
l 系列	2, 2.5, 3, 4, 5, 6, 8, 10, 12, (14), 16, 20, 25, 30, 35, 40, 45, 50, (55), 60, 65, 70, (75), 80					

注:(1) 括号内的规格尽可能不采用。

    (2) 螺纹规格 d = M1.6~M10,公称长度 2mm~80mm。d<M3 的螺钉未列入。

    (3) 公称长度 l≤40mm 时,制出全螺纹。

    (4) 材料为钢的螺钉,性能等级有 4.8、5.8 级,其中 4.8 为常用。

2. 开槽盘头螺钉（GB/T 67—2008）

标记示例:

螺纹规格 d=M5、公称长度 l=20mm、性能等级为4.8级、不经表面处理的开槽盘头螺钉:

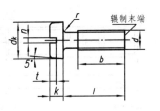

螺钉 GB/T 67 M5×20

附表 1-4　开槽盘头螺钉

mm

螺纹规格 d	M3	M4	M5	M6	M8	M10
P(螺距)	0.5	0.7	0.8	1	1.25	1.5
b	25	38	38	38	38	38
d_k	5.6	8	9.5	12	16	20
k	1.8	2.4	3.3	3.6	4.8	6
n	0.8	1.2	1.2	1.6	2	2.5
R	0.1	0.2	0.2	0.25	0.4	0.4
t	0.7	1	1.2	1.4	1.9	2.4
公称长度 l	4~30	5~40	6~50	8~60	10~80	12~80
l 系列	4, 5, 6, 8, 10, 12, (14), 16, 20, 25, 30, 35, 40, 45, 50, (55), 60, 65, 70, (75), 80						

注:（1）括号内的规格尽可能不采用。

（2）螺纹规格 d=M1.6~M10，公称长度2~80mm。d<M3 的螺钉未列入。

（3）M1.6~M3 的螺钉，公称长度 l≤30mm 时，制出全螺纹。

（4）M4~M10 的螺钉，公称长度 l≤40mm 时，制出全螺纹。

（5）材料为钢的螺钉，性能等级有4.8、5.8级，其中4.8级为常用。

3. 紧定螺钉

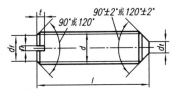
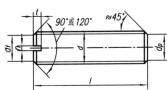
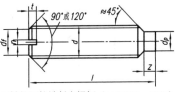

开槽锥端紧定螺钉（GB/T 71—1985）　　开槽平端紧定螺钉（GB/T 73—1985）　　开槽长圆柱端紧定螺钉（GB/T 75—1985）

标记示例:

螺纹规格 d=M5，公称长度 l=12mm、性能等级为12H级、表面氧化的开槽锥端紧定螺钉:

螺钉 GB/T 71 M5×12

附表 1-5　紧定螺钉

mm

螺纹规格 d		M1.2	M1.6	M2	M2.5	M3	M4	M5	M6	M8	M10	M12
螺距 P		0.25	0.35	0.4	0.45	0.5	0.7	0.8	1	1.25	1.5	1.75
$n_{公称}$		0.2	0.25		0.4			0.8	1	1.2	1.6	2
t		0.52	0.74	0.84	0.95	1.05	1.42	1.63	2	2.5	3	3.6
d_t		0.12	0.16	0.2	0.25	0.3	0.4	0.5	1.5	2	2.5	3
d_p		0.6	0.8	1	1.5	2	2.5	3.5	4	5.5	7	8.5
z	GB/T 75		1.05	1.25	1.5	1.75	2.25	2.75	3.25	4.3	5.3	6.3
商品	GB/T 71	2~6	2~8	3~10	3~12	4~16	6~20	8~25	8~30	10~40	12~50	14~60
规格	GB/T 73	2~6	2~8	2~10	2.5~12	3~16	4~20	5~25	6~30	8~40	10~50	12~60
长度 l	GB/T 75	—	2.5~8	3~10	4~12	5~16	6~20	8~25	8~30	10~40	12~50	14~60
l 系列		2, 2.5, 3, 4, 5, 6, 8, 10, 12, (14), 16, 20, 25, 30, 35, 40, 45, 50, (55), 60										

注: GB/T 75 没有 M1.2 规格。

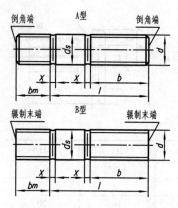

d_s≈螺纹中径(仅适用于 B 型)

四、双头螺柱

$b_m = 1d$（GB/T 897—1988）

$b_m = 1.25d$（GB/T 898—1988）

$b_m = 1.5d$（GB/T 899—1988）

$b_m = 2d$（GB/T 900—1988）

标记示例:

两端均为粗牙普通螺纹，$d = 10mm$，$l = 50mm$，性能等级为 4.8 级，不经表面处理，B 型，$b_m = 1d$ 的双头螺柱:

螺柱 GB/T 897 M10×50

旋入端为粗牙普通螺纹，紧固端为螺距 $P = 1mm$ 的细牙普通螺纹，$d = 10mm$，$l = 50mm$，性能等级为 4.8 级，不经表面处理，A 型，$b_m = 1.25d$ 的双头螺柱:

螺柱 GB/T 898 AM10×50

附表 1-6　双头螺柱　　　　　　　　　　　　　　　　　mm

螺纹规格 d	$b_{公称}$		d		X	b	$l_{公称}$
	GB/T 897—1988	GB/T 898—1988	Max	Min	Max		
M5	5	6	5	4.7		10	16~(22)
						16	25~50
M6	6	8	6	5.7		10	20、(22)
						14	25、(28)、30
						18	(32)~(75)
M8	8	10	8	7.64		12	20、(22)
						16	25、(28)、30
						22	(32)~90
M10	10	12	10	9.64		14	25、(28)
						16	30、(38)
						26	40~120
						32	130
M12	12	15	12	11.57	1.5P	16	25~30
						20	(32)~40
						30	45~120
						36	130~180
M16	16	20	16	15.57		20	30~(38)
						30	40~50
						38	60~120
						44	130~200
M20	20	25	20	19.48		25	35~40
						35	45~60
						46	(65)~120
						52	130~200

注:（1）本表未列入 GB/T 899—1988、GB/T 900—1988 两种规格。

　　（2）P 表示螺距。

五、垫圈

小垫圈 A 级（GB/T 848—2002）

平垫圈倒角型 A 级（GB/T 97.2—2002）

平垫圈 A 级（GB/T 97.1—2002）

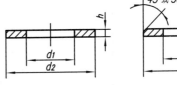

标记示例：

标准系列，公称规格 8mm，由钢制造的硬度等级

为 200HV 级，不经表面处理，产品等级为 A 级的平垫圈：

垫圈 GB/T 97.1 8

附表 1-7　垫圈　　　　　　　　　　　　　mm

公称规格（螺纹大径）d		1.6	2	2.5	3	4	5	6	8	10	12	16	20	24	30	36
d_1	GB/T 848—2002	1.7	2.2	2.7	3.2	4.3	5.3	6.4	8.4	10.5	13	17	21	25	31	37
	GB/T 97.1—2002	1.7	2.2	2.7	3.2	4.3	5.3	6.4	8.4	10.5	13	17	21	25	31	37
	GB/T 97.2—2002	—	—	—	—	—	5.3	6.4	8.4	10.5	13	17	21	25	31	37
d_2	GB/T 848—2002	3.5	4.5	5	6	8	9	11	15	18	20	28	34	39	50	60
	GB/T 97.1—2002	4	5	6	7	9	10	12	16	20	24	30	37	44	56	66
	GB/T 97.2—2002	—	—	—	—	—	10	12	16	20	24	30	37	44	56	66
h	GB/T 848—2002	0.3	0.3	0.5	0.5	0.5	1	1.6	1.6	1.6	2	2.5	3	4	4	5
	GB/T 97.1—2002	0.3	0.3	0.5	0.5	0.8	1	1.6	1.6	2	2.5	3	3	4	4	5
	GB/T 97.2—2002	—	—	—	—	—	1	1.6	1.6	2	2.5	3	3	4	4	5

注：（1）硬度等级有 200HV、300HV 级；材料有钢和不锈钢两种。

（2）d 的范围：GB/T 848 为 1.6~36mm，GB/T 97.1 为 1.6~64mm，GB/T 97.2 为 5~64mm。

六、标准型弹簧垫圈（GB/T 93—1987）

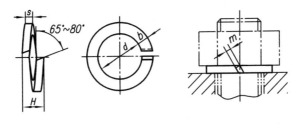

标记示例：

规格 16mm，材料为 65Mn，表面氧化的标准型弹簧垫圈：

垫圈 GB/T 93—1987 16

附表 1-8　标准型弹簧垫圈　　　　　　　　mm

公差规格（螺纹大径）	3	4	5	6	8	10	12	(14)	16	(18)	20	(22)	24	(27)	30
d	3.1	4.1	5.1	6.1	8.1	10.2	12.2	14.2	16.2	18.2	20.2	22.5	24.5	27.5	30.5
H	1.6	2.2	2.6	3.2	4.2	5.2	6.2	7.2	8.2	9	10	11	12	13.6	15
$s(b)$	0.8	1.1	1.3	1.6	2.1	2.6	3.1	3.6	4.1	4.5	5	5.5	6	6.8	7.5
$m \leqslant$	0.4	0.55	0.65	0.8	1.05	1.3	1.55	1.8	2.05	2.25	2.5	2.75	3	3.4	3.75

注：（1）括号内的规格尽可能不采用。

（2）m 应大于零。

附录二　公差与配合

一、标准公差

附表 2-1　标准公差数值（GB/T 1800.3—2009）

基本尺寸/mm		公差等级																		
大于	至	IT01	IT0	IT1	IT2	IT3	IT4	IT5	IT6	IT7	IT8	IT9	IT10	IT11	IT12	IT13	IT14	IT15	IT16	IT17	IT18
		μm													mm						
—	3	0.3	0.5	0.8	1.2	2	3	4	6	10	14	25	40	60	0.10	0.14	0.25	0.40	0.60	1.0	1.4
3	6	0.4	0.6	1	1.5	2.5	4	5	8	12	18	30	48	75	0.12	0.18	0.30	0.48	0.75	1.2	1.8
6	10	0.4	0.6	1	1.5	2.5	4	6	9	15	22	36	58	90	0.15	0.22	0.36	0.58	0.90	1.5	2.2
10	18	0.5	0.8	1.2	2	3	5	8	11	18	27	43	70	110	0.18	0.27	0.43	0.70	1.10	1.8	2.7
18	30	0.6	1	1.5	2.5	4	6	9	13	21	33	52	84	130	0.2	0.33	0.52	0.84	1.30	2.1	3.3
30	50	0.6	1	1.5	2.5	4	7	11	16	25	39	62	100	160	0.25	0.39	0.62	1.00	1.60	2.5	3.9
50	80	0.8	1.2	2	3	5	8	13	19	30	46	74	120	190	0.30	0.46	0.74	1.20	1.90	3.0	4.6
80	120	1	1.5	2.5	4	6	10	15	22	35	54	87	140	220	0.35	0.54	0.87	1.40	2.20	3.5	5.4
120	180	1.2	2	3.5	5	8	12	18	25	40	63	100	160	250	0.40	0.63	1.00	1.60	2.50	4.0	6.3
180	250	2	3	4.5	7	10	14	20	29	46	72	115	185	290	0.46	0.72	1.15	1.85	2.90	4.6	7.2
250	315	2.5	4	6	8	12	16	23	32	52	81	130	210	320	0.52	0.81	1.30	2.10	3.20	5.2	8.1
315	400	3	5	7	9	13	18	25	36	57	89	140	230	360	0.57	0.89	1.40	2.30	3.60	5.7	8.9
400	500	4	6	8	10	15	20	27	40	63	97	155	250	400	0.63	0.97	1.55	2.50	4.00	6.3	9.7

二、优先配合中轴的极限偏差

附表 2-2　优先配合中轴的极限偏差（摘自 GB/T 1800.2—2009）　　　　μm

公称尺寸/mm		公差带												
		c	d	f	g	h				k	n	p	s	u
大于	至	11	9	7	6	6	7	9	11	6	6	6	6	6
—	3	−60 −120	−20 −45	−6 −16	−2 −8	0 −6	0 −10	0 −25	0 −60	+6 0	+10 +4	+12 +6	+20 +14	+24 +18
3	6	−70 −145	−30 −60	−10 −22	−4 −12	0 −8	0 −12	0 −30	0 −75	+9 +1	+16 +8	+20 +12	+27 +19	+31 +23
6	10	−80 −170	−40 −76	−13 −28	−5 −14	0 −9	0 −15	0 −36	0 −90	+10 +1	+19 +10	+24 +15	+32 +23	+37 +28
10	14	−95 −205	−50 −93	−16 −34	−6 −17	0 −11	0 −18	0 −43	0 −110	+12 +1	+23 +12	+29 +18	+39 +28	+44 +33
14	18													
18	24	−110 −240	−65 −117	−20 −41	−7 −20	0 −13	0 −21	0 −52	0 −130	+15 +2	+28 +15	+35 +22	+48 +35	+54 +41
24	30													+61 +48
30	40	−120 −280	−80 −142	−25 −50	−9 −25	0 −16	0 −25	0 −62	0 −160	+18 +2	+33 +17	+42 +26	+43 +26	+76 +60
40	50	−130 −290												+86 +70
50	65	−140 −330	−100 −174	−30 −60	−10 −29	0 −19	0 −30	0 −74	0 −190	+21 +2	+39 +20	+51 +32	+72 +53	+106 +87
65	80	−150 −340											+78 +59	+121 +102
80	100	−170 −390	−120 −207	−36 −71	−12 −34	0 −22	0 −35	0 −87	0 −220	+25 +3	+45 +23	+59 +37	+93 +71	+146 +124
100	120	−180 −400											+101 +79	+166 +124
120	140	−200 −450	−145 −245	−43 −83	−14 −39	0 −25	0 −40	0 −100	0 −250	+28 +3	+52 +27	+68 +43	+117 +92	+195 +170
140	160	−210 −460											+125 +100	+215 +190
160	180	−230 −480											+133 +108	+235 +210
180	200	−240 −530	−170 −285	−50 −96	−15 −44	0 −29	0 −46	0 −115	0 −290	+33 +4	+60 +31	+79 +50	+151 +122	+265 +236
200	225	−260 −550											+159 +130	+287 +258
225	250	−280 −570											+169 +140	+313 +284
250	280	−300 −620	−190 −320	−56 −108	−17 −49	0 −32	0 −52	0 −130	0 −320	+36 +4	+66 +34	+88 +56	+190 +158	+347 +315
280	315	−330 −650											+202 +170	+382 +350
315	355	−360 −720	−210 −350	−62 −119	−18 −54	0 −36	0 −57	0 −140	0 −360	+40 +4	+73 +37	+98 +62	+226 +190	+426 +390
355	400	−400 −760											+244 +208	+471 +435
400	450	−440 −840	−230 −385	−68 −131	−20 −60	0 −40	0 −63	0 −155	0 −400	+45 +5	+80 +40	+108 +68	+272 +232	+530 +490
450	500	−480 −880											+292 +252	+580 +540

三、优先配合中孔的极限偏差

附表 2-3　优先配合中孔的极限偏差（摘自 GB/T 1800.2—2009）　　　　μm

公称尺寸/mm 大于	至	C 11	D 9	F 8	G 7	H 7	H 8	H 9	H 11	K 7	N 7	P 7	S 7	U 7
—	3	+120 / +60	+45 / +20	+20 / +6	+12 / +2	+10 / 0	+14 / 0	+25 / 0	+62 / 0	0 / −10	−4 / −14	−6 / −16	−14 / −24	−18 / −28
3	6	+145 / +70	+60 / +30	+28 / +10	+16 / +4	+12 / 0	+18 / 0	+30 / 0	+75 / 0	+3 / −9	−4 / −16	−8 / −20	−15 / −27	−19 / −31
6	10	+170 / +80	+76 / +40	+35 / +13	+20 / +5	+15 / 0	+22 / 0	+36 / 0	+90 / 0	+5 / −10	−4 / −19	−9 / −24	−17 / −32	−22 / −37
10	14	+205 / +95	+93 / +50	+43 / +16	+24 / +6	+18 / 0	+27 / 0	+43 / 0	+110 / 0	+6 / −12	−5 / −23	−11 / −29	−21 / −39	−26 / −44
14	18	+205 / +95	+93 / +50	+43 / +16	+24 / +6	+18 / 0	+27 / 0	+43 / 0	+110 / 0	+6 / −12	−5 / −23	−11 / −29	−21 / −39	−26 / −44
18	24	+240 / +110	+117 / +65	+53 / +20	+28 / +7	+21 / 0	+33 / 0	+52 / 0	+130 / 0	6 / −15	−7 / −28	−14 / −35	−27 / −48	−33 / −54
24	30	+240 / +110	+117 / +65	+53 / +20	+28 / +7	+21 / 0	+33 / 0	+52 / 0	+130 / 0	6 / −15	−7 / −28	−14 / −35	−27 / −48	−40 / −61
30	40	+280 / +120	+142 / +80	+64 / +25	+34 / +9	+25 / 0	+39 / 0	+62 / 0	+160 / 0	+7 / −18	−8 / −23	−17 / −42	−34 / −59	−51 / −76
40	50	+290 / +130	+142 / +80	+64 / +25	+34 / +9	+25 / 0	+39 / 0	+62 / 0	+160 / 0	+7 / −18	−8 / −23	−17 / −42	−34 / −59	−61 / −86
50	65	+330 / +140	+174 / +100	+76 / +30	+40 / +10	+30 / 0	+46 / 0	+74 / 0	+190 / 0	+9 / −21	−9 / −39	−21 / −51	−42 / −72	−76 / −106
65	80	+340 / +150	+174 / +100	+76 / +30	+40 / +10	+30 / 0	+46 / 0	+74 / 0	+190 / 0	+9 / −21	−9 / −39	−21 / −51	−48 / −78	−91 / −121
80	100	+390 / +170	+207 / +120	+90 / +36	+47 / +12	+35 / 0	+54 / 0	+87 / 0	+220 / 0	+10 / −25	−10 / −45	−24 / −59	−58 / −93	−111 / −146
100	120	+400 / +180	+207 / +120	+90 / +36	+47 / +12	+35 / 0	+54 / 0	+87 / 0	+220 / 0	+10 / −25	−10 / −45	−24 / −59	−66 / −101	−131 / −166
120	140	+450 / +200	+245 / +145	+106 / +43	+54 / +14	+40 / 0	+63 / 0	+100 / 0	+250 / 0	+12 / −28	−12 / −52	−28 / −68	−77 / −117	−155 / −195
140	160	+460 / +210	+245 / +145	+106 / +43	+54 / +14	+40 / 0	+63 / 0	+100 / 0	+250 / 0	+12 / −28	−12 / −52	−28 / −68	−85 / −125	−175 / −215
160	180	+480 / +230	+245 / +145	+106 / +43	+54 / +14	+40 / 0	+63 / 0	+100 / 0	+250 / 0	+12 / −28	−12 / −52	−28 / −68	−93 / −133	−195 / −235
180	200	+530 / +240	+285 / +170	+122 / +50	+61 / +15	+46 / 0	+72 / 0	+115 / 0	+290 / 0	+13 / −33	−14 / −60	−33 / −79	−105 / −151	−219 / −265
200	225	+550 / +260	+285 / +170	+122 / +50	+61 / +15	+46 / 0	+72 / 0	+115 / 0	+290 / 0	+13 / −33	−14 / −60	−33 / −79	−113 / −159	−241 / −287
225	250	+570 / +280	+285 / +170	+122 / +50	+61 / +15	+46 / 0	+72 / 0	+115 / 0	+290 / 0	+13 / −33	−14 / −60	−33 / −79	−123 / −169	−267 / −313

续表

公称尺寸/mm		公差带											
		C	D	F	G			H		K	N	P	S	U
250	280	+620 +300	+320 +190	+137 +56	+69 +17	+52 0	+81 0	+130 0	+320 0	+16 -36	-14 -66	-36 -88	-138 -190	-295 -347
280	315	+650 +330											-150 -202	-330 -382
315	355	+720 +360	+350 +210	+151 +62	+75 +18	+57 0	+89 0	+140 0	+360 0	+17 -40	-16 -73	-41 -88	-169 -226	-369 -426
355	400	+760 +400											-187 -244	-414 -471
400	450	+840 +440	+385 +230	+165 +68	+83 +20	+63 0	+97 0	+155 0	+400 0	+18 -45	-17 -80	-45 -108	-209 -272	-467 -530
450	500	+880 +480											-229 -292	-517 -580

附录三 常用材料及热处理

一、金属材料

附表 3-1 金属材料

标 准	名 称	牌 号		应 用 举 例	说 明
GB/T 700—2006	碳素结构钢	Q215	A 级	用于金属结构件、拉杆、套圈、铆钉、螺栓、短轴、心轴、凸轮(载荷不大的)、垫圈、渗碳零件及焊接件	"Q"为碳素结构钢屈服点"屈"字的汉语拼音首位字母,数字表示屈服点的数值 Q215 A2(A2F) Q235 A3 Q275 A5
			B 级		
		Q235	A 级	用于金属结构件、心部强度要求不高的渗碳或氰化零件,吊钩、拉杆、套圈、气缸、齿轮、螺栓、螺母、连杆、轮轴、楔、盖及焊接件	
			B 级		
			C 级		
			D 级		
		Q275		轴、轴销、刹车杆、螺母、螺栓、垫圈、连杆、齿轮以及其他强度较高的零件	
GB/T 699—1999	优质碳素结构钢	10		用拉杆、卡头、垫圈、铆钉、及用作焊接零件	牌号的两位数字表示平均含碳量的质量分数,45 号钢表示碳的平均含量为 0.45% 碳的质量分数≤0.25%的碳钢属低碳钢(渗碳钢) 碳的质量分数在(0.25~0.6)%之间的碳钢属中碳钢(调试钢)。碳的质量分数>0.6%的碳钢属高碳钢 锰的质量分数较高的钢,须加注化学元素符号"Mn"
		15		用于受力不打和韧性较高的零件、渗碳零件及紧固件(如螺栓、螺钉)法兰盘和化工储器	
		35		用于制造曲轴、转轴、轴销、杠杆、连杆、螺栓、螺母、垫圈、飞轮(多在正火、调制下使用)	
		45		用于要求综合机械性能高的各种零件,通常经正火或调制后使用。用于制造轴、齿轮、齿条、链轮、螺栓、螺母、销钉、键、拉杆等	
		60		用于制造弹簧、弹簧垫圈、凸轮、轧辊等	
		15Mn		制造心部机械性能要求较高且须渗碳的零件	
		65Mn		用于要求耐磨性高的圆盘、衬板、齿轮、花键轴、弹簧、弹簧垫圈等	
GB/T 3077—1999	合金结构钢	20Mn2		用于渗碳小齿轮、小轴、活塞销、柴油机套筒、气门推杆、缸套等	钢中加入一定量的合金元素,提高了钢的力学性能和耐磨性,也提高了钢的淬透性,保证金属在较大截面上获得高的力学性能
		15Cr		用于要求心部韧性较高的渗碳零件,如船舶主机用螺栓、活塞销、凸轮、凸轮轴、汽轮机套环、机车小零件等	
		40Cr		用于受变载、中速、中载、强烈磨损而无很大冲击的重要零件,如重要的齿轮、轴、曲轴、连杆、螺栓、螺母等	
		35SiMn		耐磨、耐疲劳性均佳,适用于小型轴类、齿轮及 430℃以下的重要紧固件等	
		20CrMnTi		工艺性优,强度、韧性均高,可用于承受高速、中等或重负荷以及冲击、磨损等的重要零件,如渗碳齿轮、凸轮等	

续表

标　准	名　称	牌　号	应　用　举　例	说　明
GB/T 11352—2009	工程用铸造碳钢	ZG 230—450	轧机机架、铁道车辆摇枕、侧梁、铁铮台、机座、箱体、锤轮、450℃以下的管路附件等	"ZG"为"铸钢"，后面的数字表示屈服点和抗拉强度。如 ZG230－450 表示屈服点为 230N/mm^2，抗拉强度为 450N/mm^2
		ZG 310—570	适用于各种形状的零件，如联轴器、齿轮、汽缸、机架、轴、齿圈等	
GB/T 9439—1988	灰铸铁	HT150	用于小负荷和对耐磨性无特殊要求的零件，如端盖、外罩、千轮、一般机床的底座、床身、滑台、工作台和低压管件等	"HT"为"灰铁"，后面数字表示抗拉强度。如 HT200 表示抗拉强度为 200N/mm^2 的灰铸铁
		HT200	用于中等负荷和对耐磨性有一定要求的零件，如车床床身、立柱、飞轮、汽缸、泵体、轴承座、活塞、齿轮箱、阀体等	
		HT250	用于中等负荷和对耐磨性有一定要求的零件，如阀壳、油缸、汽缸、联轴器、机体、齿轮、齿轮箱外壳、飞轮、液压泵和滑阀的壳体等	
GB/T 1176—1987	5-5-5 锡青铜	ZCuSn5 Pb5Zn5	耐磨性和耐腐蚀性均好，易加工，铸造性和气密性较好，用于较高负荷、中等滑动速度下工作的耐磨、耐腐蚀零件，如轴瓦、衬套、缸套、活塞、离合器、蜗轮等	"Z"为"铸铁"，各化学元素后面的数字表示该化学的质量分数
	10-3 铝青铜	ZCuA110 Fe3	力学性能高、耐磨性、耐蚀性、抗氧化性好，可以焊接，不易钎焊，可用于制造强度高、耐磨、耐蚀的零件，如蜗轮、轴承、衬套、管嘴、耐热管配件等	
	25-6-3 -3 铝黄铜	ZCuZn25 A16Fe3 Mn3	有很高的力学性能，铸造性良好、耐蚀性较好，可以焊接，适用于高强耐磨零件，如桥梁支承板、螺母、螺杆、耐磨板、滑块、蜗轮等	

二、非金属材料

附表 3-2　非金属材料

标　准	名　称	牌　号	应　用　举　例	说　明
GB/T 539—2008	耐油石棉橡胶板	NY250 HNY300	供航空发动机用的煤油、润滑油及冷气系统结合处的密封衬垫材料	有 (0.4~3.0) mm 的十种厚度规格
GB/T 5574—2008	耐酸碱橡胶板	2707 2807 2709	具有耐酸碱性能，在温度为 (-30~60)℃ 的 20℃浓度的酸碱液体中工作，用于冲击密封性能较好的垫圈	较高硬度 中等硬度
	耐油橡胶板	3707 3807 3709 3809	可在一定温度的全损耗系统用油、变压器油、汽油等介质中工作，适用于冲制各种形状的垫圈	较高硬度
	耐热橡胶板	4708 4808 4710	可在 (-30~100)℃ 且压力不大的条件下，于热空气、蒸汽介质中工作，用于冲制各种垫圈及隔热垫板	较高硬度 中等硬度

三、常用的热处理和表面处理名词解释

附表 3-3　常用的热处理和表面处理名词解释

名　称	代　号	说　　明	目　　的
退火	5111	将钢件加热到临界温度以上，保温一段时间，然后以一定速度缓慢冷却	用于消除铸、锻、焊零件的内应力，以利切削加工，细化晶粒，改善组织，增加韧性
正火	5121	将钢件加热到临界温度以上，保温一段时间，然后在空气中冷却	用于处理低碳和中碳结构钢及渗碳零件，细化晶粒，增加强度和韧性，减少内应力，改善切削性能
淬火	5131	将钢件加热到临界温度以上，保温一段时间，然后急速冷却	提高钢件强度及耐磨性。淬火后会引起内应力，使钢变脆，所以淬火后必须回火
回火	5141	将淬火后的钢件重新加热到临界温度一下某一温度，保温一段时间后，然后冷却到室温	降低淬火后的内应力和脆性，提高钢的塑性和冲击韧性
调质	5151	淬火后在 450~600℃进行高温回火	提高韧性及强度。重要的齿轮、轴及丝杠等零件需调质
表面淬火	5210	用火焰或高频电流将钢件表面迅速加热到临界温度以上，急速冷却	提高钢件表面的强度及耐磨性，而芯部又保持一定的韧性，使钢件既耐磨又能承受冲击，常原来处理齿轮等
渗碳	5310	将钢件在渗碳剂中加热，停留一段时间，使碳渗入钢的表面后，再淬火和低温回火	提高钢件表面的硬度、耐磨性、抗拉强度等。主要适用于低碳、中碳($C<0.40\%$)结构钢的中小型零件
渗氮	5330	将零件放入氨气中加热，使氮原子渗入零件的表面，获得含氮强化层	提高钢件表面的硬度、耐磨性、疲劳强度和抗蚀能力。适用于合金钢、碳钢、铸铁件，如机床主轴、丝杠、重要液压元件中的零件
时效处理	时效	机件精加工前，加热到 100~150℃，消除内应力，稳定机件形状和尺寸，保温 5~20h，空气冷却；铸件可天然时效处理，露天放一年以上	消除内应力，稳定机件形状和尺寸常用于处理精密机件，如精密轴承、精密丝杠等
发蓝发黑	发蓝或发黑	将零件置于氧化性介质内加氧化，使表面形成一层氧化铁保护膜	防腐蚀，美化，常用于螺纹连接件
镀镍	镀镍	用电解方法，在钢件表面镀一层镍	防腐蚀，美化
镀铬	镀铬	用电解方法，在钢件表面镀一层铬	提高钢件表面硬度、耐磨性和耐腐蚀能力，也用于修复零件上磨损了的表面
硬度	HBW（布氏硬度）HRC（洛氏硬度）HV（维氏硬度）	材料抵抗硬物压入其表面的能力，依测定方法不同而有布氏，洛氏，维氏硬度等几种	用于检验材料经热处理后的硬度。HBW 用于退火、正火、调制的零件及铸件；HRC 用于经淬火、回火及表面渗碳、渗氮等处理的零件；HV 用于薄层硬化零件

附录四　化工设备零部件相关标准

一、内压筒体壁厚

附表 4-1　内压筒体壁厚

筒体壁厚/mm

材料	工作压力/MPa	公称直径 DN/mm																												
		300	(350)	400	(450)	500	(550)	600	(650)	700	800	900	1000	(1100)	1200	1300	1400	(1500)	1600	(1700)	1800	(1900)	2000	(2100)	2200	(2300)	2400	2600	2800	3000
Q235-A Q235-A.F	≤0.3	3	3	3	3	3	3	4	4	4	4	4	5	5	5	5	5	5	5	5	6	6	6	6	6	6	6	8	8	8
	≤0.4	3	3	3	4	4	4	4	4	4	4	4	5	5	5	6	6	6	6	8	8	8	8	8	8	10	10	10	10	10
	≤0.6	3	4	4	4	4	4	4	4	4.5	4.5	4.5	6	6	8	8	10	10	10	10	12	12	12	12	12	14	14	14	16	16
	≤1.0	4	4	4.5	4.5	6	6	6	6	6	6	6	8	8	8	8	10	10	10	10	12	12	12	12	12	14	14	16	16	16
	≤1.6	4.5	5	5	6	6	6	6	6	6	8	8	8	10	10	10	12	12	12	14	14	16	16	16	18	18	20	20	22	24
不锈钢	≤0.3	3	3	3	3	3	3	3	3	3	3	3	4	4	4	4	4	4	4	5	5	5	5	5	5	5	5	7	7	7
	≤0.4	3	3	3	3	3	3	3	4	4	4	4	4	4	5	5	5	5	5	6	6	6	6	7	7	7	7	8	9	9
	≤0.6	3	3	4	4	4	4	5	5	5	5	5	5	6	6	6	7	7	7	7	8	8	8	8	8	9	9	9	9	9
	≤1.0	4	4	5	5	6	6	6	6	7	7	8	8	8	9	9	10	10	10	12	12	12	12	14	14	14	14	14	16	16
	≤1.6	4	5	6	6	7	7	8	8	9	9	10	10	12	12	12	14	14	14	16	16	16	18	18	18	20	20	22	22	24

二、钢管

mm

低压流体输送用焊接钢管（摘自 GB/T 3092—1993）

公称直径	外径	普通管壁厚	加厚管壁厚	公称直径	外径	普通管壁厚	加厚管壁厚
6	10.0	2.00	2.50	40	48.0	3.50	4.25
8	13.5	2.25	2.75	50	60.0	3.50	4.50
10	17.0	2.25	2.75	65	75.5	3.75	4.50
15	21.3	2.75	3.25	80	88.5	4.00	4.75
20	26.8	2.75	3.50	100	114.0	4.00	5.00
25	33.5	3.25	4.00	125	140.0	4.00	5.50
32	42.3	3.25	4.00	150	165.0	4.50	5.50

低、中压锅炉用无缝钢管（摘自 GB 3087—2008）

外径	壁厚	外径	壁厚	外径	壁厚	外径	壁厚	外径	壁厚	外径	壁厚	外径	壁厚	外径	壁厚
10	1.5~2.5	19	2~3	30	2.5~4	45	2.5~5	70	3~6	114	4~12	194	4.5~26	426	11~26
12	1.5~2.5	20	2~3	32	2.5~4	48	2.5~5	76	3.5~8	121	4~12	219	6~26	—	—
14	2~3	22	2~4	35	2.5~4	51	2.5~5	83	3.5~8	127	4~12	245	6~26	—	—
16	2~3	24	2~4	38	2.5~4	57	3~5	89	4~8	133	4~18	273	7~26	—	—
17	2~3	25	2~4	40	2.5~4	60	3~5	102	4~12	159	4.5~26	325	8~26	—	—
18	2~3	29	2.5~4	42	2.5~5	64	3~5	108	4~12	168	4.5~26	377	10~26	—	—

壁厚尺寸系列	1.5, 2, 2.5, 3, 3.5, 4, 4.5, 5, 6, 7, 8, 9, 10, 11, 12, 13, 14, 15, 16, 17, 18, 19, 20, 21, 22, 23, 24, 25, 26

高压锅炉用无缝钢管（摘自 GB 5310—2008）

外径	壁厚	外径	壁厚	外径	壁厚	外径	壁厚	外径	壁厚	外径	壁厚	外径	壁厚	外径	壁厚
22	2~3.2	42	2.8~6	76	3.5~19	121	5~26	194	7~45	325	13~60	480	14~70	—	—
25	2~3.5	48	2.8~7	83	4~20	133	5~32	219	7.5~50	351	13~60	500	17~70	—	—
28	2.5~3.5	51	2.8~9	89	4~20	146	6~36	245	9~50	377	13~70	530	14~70	—	—
32	2.8~5	57	3.5~12	102	4.5~22	159	6~36	273	9~50	426	14~70	—	—	—	—
38	2.8~5.5	60	3.5~12	108	4.5~26	168	6.5~40	299	9~60	450	14~70	—	—	—	—

壁厚尺寸系列	2, 2.5, 2.8, 3.3, 3.2, 3.5, 4, 4.5, 5, 5.5, 6, (6.5), 7, (7.5), 8, 9, 10, 11, 12, 13, 14, (15), 16, (17), 18, (19)
	20, 22, (24), 25, 26, 28, 30, 32, (34), 36, 38, 40, (42), 45, (48), 50, 56, 60, 63, (65), 70

普通无缝钢管尺寸（GB/T 17395—2008）

外 径			壁厚	外 径			壁厚	外 径			壁厚
系列1	系列2	系列3		系列1	系列2	系列3		系列1	系列2	系列3	
10			0.25~3.5		70		1.0~17		340		8.0~100
	11		0.25~3.5			73	1.0~19		351		8.0~100
	12		0.25~4.0	76			1.0~20	356			9.0~100
	13		0.25~4.0		77		1.4~20			368	9.0~100
13.5			0.25~4.0		80		1.4~20		377		9.0~100
	14		0.25~4.0			83	1.4~22		402		9.0~100
	16		0.25~5.0		85		1.4~22	406			9.0~100
17			0.25~5.5	89			1.4~24			419	9.0~100
	18		0.25~5.5		95		1.4~24		426		9.0~100
	19		0.25~6.0		102		1.4~28		450		9.0~100
	20		0.25~6.0			108	1.4~30	457			9.0~100
21			0.40~6.0	114			1.5~30		473		9.0~100
	22		0.40~6.0		121		1.5~32		480		9.0~100
	25		0.40~7.0		127		1.8~32		500		9.0~110
		25.4	0.40~7.0		133		2.5~36	508			9.0~110
27			0.40~7.0	140			2.5~36		530		9.0~120
	28		0.40~7.0			142	3.0~36			560	9.0~120
	30		0.40~8.0		146		3.0~40	610			9.0~120
	32		0.40~8.0			152	3.0~40		630		9.0~120
34			0.40~8.0		159		3.5~45			660	9.0~120
	35		0.40~9.0	168			3.5~45			699	12~120
	38		0.40~10		180		3.5~50	711			12~120
	40		0.40~10		194		3.5~50		720		12~120
42			1.0~10		203		3.5~55		762		20~120
	45		1.0~12	219			6.0~55			788.5	20~120
48			1.0~12			232	6.0~65	813			20~120
	51		1.0~12			245	6.0~65			864	20~120
	54		1.0~14			267	6.0~65	914			25~120
	57		1.0~14	273			6.5~85			965	25~120
60			1.0~16		299		7.5~100	1016			25~120
	63		1.0~16			302	7.5~100				
	65		1.0~16			318.5	7.5~100				
	68		1.0~16	325			7.5~100				

壁厚系列	0.25, 0.3, 0.4. 0.5, 0.6, 0.8, 1.0, 1.2, 1.4, 1.5, 1.6, 1.8, 2.0, 2.5, 2.8, 3.0, 3.2, 3.5, 4.0, 4.5, 5.0, 5.5, 6.0, 6.5, 7.0, 7.5, 8.0, 8.5, 9.0, 9.5, 10, 11, 12, 13, 14, 15, 16, 17, 18, 19, 20, 22, 24, 26, 28, 30, 32, 34, 36, 38, 40, 42, 45, 48, 50, 55, 60, 65, 70, 75, 80, 85, 90, 95, 100, 110, 120

三、椭圆形封头（摘自 JB/T 4746—2002）

$D_i/2(H-h)=2$

$DN=D_i$

公称直径 1000mm、名义厚度 12mm、材质 16MnR、以内径为基准的椭圆形封头标记：

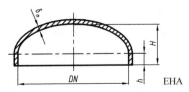

EHA 1000×12-16MnR JB/T 4746

附表 4-3　EHA 椭圆形封头内表面积、容积

序号	公称直径 DN/mm	总深度 H/mm	内表面积 A/m^2	容积 V/m^3	序号	公称直径 DN/mm	总深度 H/mm	内表面积 A/m^2	容积 V/m^3
1	300	100	0.1211	0.0053	34	2900	765	9.4807	3.4567
2	350	113	0.1603	0.0080	35	3000	790	10.1329	3.8170
3	400	125	0.2049	0.0115	36	3100	815	10.8067	4.2015
4	450	138	0.2548	0.0159	37	3200	840	11.5021	4.6110
5	500	150	0.3103	0.0213	38	3300	865	12.2193	5.0463
6	550	163	0.3711	0.0277	39	3400	890	12.9581	5.5080
7	600	175	0.4374	0.0353	40	3500	915	13.7186	5.9972
8	650	188	0.5090	0.0442	41	3600	940	14.5008	6.5144
9	700	200	0.5861	0.0545	42	3700	965	15.3047	7.0605
10	750	213	0.6686	0.0663	43	3800	990	16.1303	7.6364
11	800	225	0.7565	0.0796	44	3900	1015	16.9775	8.2427
12	850	238	0.8499	0.0946	45	4000	1040	17.8464	8.8802
13	900	250	0.9487	0.1113	46	4100	1065	18.7373	9.5498
14	950	263	1.0529	0.1300	47	4200	1090	19.6493	10.252
15	1000	275	1.1625	0.1505	48	4300	1115	20.5832	10.988
16	1100	300	1.3980	0.1980	49	4400	1140	21.5389	11.758
17	1200	325	1.6552	0.2545	50	4500	1165	22.5162	12.564
18	1300	350	1.9340	0.3208	51	4600	1190	23.5152	13.406
19	1400	375	2.2346	0.3977	52	4700	1215	24.5359	14.284
20	1500	400	2.5568	0.4860	53	4800	1240	25.5782	15.200
21	1600	425	2.9007	0.5864	54	4900	1265	26.6422	16.154
22	1700	450	3.2662	0.6999	55	5000	1290	27.7280	17.147
23	1800	475	3.6535	0.8270	56	5100	1315	28.8353	18.181
24	1900	500	4.0624	0.9687	57	5200	1340	29.9644	19.255
25	2000	525	4.4930	1.1257	58	5300	1365	31.1152	20.370
26	2100	565	5.0443	1.3508	59	5400	1390	32.2876	21.528
27	2200	590	5.5229	1.5459	60	5500	1415	33.4817	22.728
28	2300	615	6.0233	1.7588	61	5600	1440	34.6975	23.973
29	2400	640	6.5453	1.9905	62	5700	1465	35.9350	25.262
30	2500	665	7.0891	2.2417	63	5800	1490	37.1941	26.596
31	2600	690	7.6545	2.5131	64	5900	1515	38.4750	27.977
32	2700	715	8.2415	2.8055	65	6000	1540	39.7775	29.405
33	2800	740	8.8503	3.1198					

四、管法兰

板式平焊钢制法兰

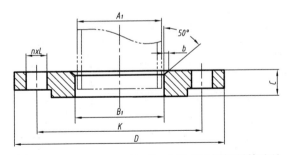

附表 4-4　_PN_0.25MPa(2.5bar)板式平焊钢制管法兰　　mm

| 公称直径 DN | 管子外径 A_1 | | 连接尺寸 | | | | | 法兰厚度 C | 法兰内径 B_1 | |
| | | | 法兰外径 D | 螺栓孔中心圆直径 K | 螺栓孔直径 L | 螺栓孔数量 n | 螺纹 Th | | | |
	A	B							A	B
10	17.2	14	75	50	11	4	M10	12	18	15
15	21.3	18	80	55	11	4	M10	12	22	19
20	26.9	25	90	65	11	4	M10	14	27.5	26
25	33.7	32	100	75	11	4	M10	14	34.5	33
32	42.4	38	120	90	14	4	M12	16	43.5	39
40	48.3	45	130	100	14	4	M12	16	49.5	46
50	60.3	57	140	110	14	4	M12	16	61.5	59
65	76.1	76	160	130	14	4	M12	16	77.5	78
80	88.9	89	190	150	18	4	M16	18	90.5	91
100	114.3	108	210	170	18	4	M16	18	116	110
125	139.7	133	240	200	18	8	M16	20	141.5	135
150	168.3	159	265	225	18	8	M16	20	170.5	161
200	219.1	219	320	280	18	8	M16	22	221.5	222
250	273	273	375	335	18	12	M16	24	276.5	276
300	323.9	325	440	395	22	12	M20	24	327.5	328
350	355.6	377	490	445	22	12	M20	26	359.5	381
400	406.4	426	540	495	22	16	M20	28	411	430
450	457	480	595	550	22	16	M20	30	462	485
500	508	530	645	600	22	20	M20	32	513.5	535
600	610	630	755	705	26	20	M24	36	616.5	636
700	711	720	860	810	26	24	M24	36	715	724
800	813	820	975	920	30	24	M27	38	817	824
900	914	920	1075	1020	30	24	M27	40	918	924
1000	1016	1020	1175	1120	30	28	M27	42	1020	1024
1200	1219	1220	1375	1320	30	32	M27	44	1223	1224
1400	1422	1420	1575	1520	30	36	M27	48	1426	1424
1600	1626	1620	1790	1730	30	40	M27	51	1630	1624
1800	1829	1820	1990	1930	30	44	M27	54	1833	1824
2000	2032	2020	2190	2130	30	48	M27	58	2036	2024

附表 4-5　*PN*0.6MPa（6bar）板式平焊钢制管法兰　　　　　　　　mm

公称直径 DN	管子外径 A_1		连接尺寸					法兰厚度 C	法兰内径 B_1	
			法兰外径 D	螺栓孔中心圆直径 K	螺栓孔直径 L	螺栓孔数量 n	螺纹 Th			
	A	B							A	B
10	17.2	14	75	50	11	4	M10	12	18	15
15	21.3	18	80	55	11	4	M10	12	22	19
20	26.9	25	90	65	11	4	M10	14	27.5	26
25	33.7	32	100	75	11	4	M10	14	34.5	33
32	42.4	38	120	90	14	4	M12	16	43.5	39
40	48.3	45	130	100	14	4	M12	16	49.5	46
50	60.3	57	140	110	14	4	M12	16	61.5	59
65	76.1	76	160	130	14	4	M12	16	77.5	78
80	88.9	89	190	150	18	4	M16	18	90.5	91
100	114.3	108	210	170	18	4	M16	18	116	110
125	139.7	133	240	200	18	8	M16	20	141.5	135
150	168.3	159	265	225	18	8	M16	20	170.5	161
200	219.1	219	320	280	18	8	M16	22	221.5	222
250	273	273	375	335	18	12	M16	24	276.5	276
300	323.9	325	440	395	22	12	M20	24	327.5	328
350	355.6	377	490	445	22	12	M20	26	359.5	381
400	406.4	426	540	495	22	16	M20	28	411	430
450	457	480	595	550	22	16	M20	30	462	485
500	508	530	645	600	22	20	M20	32	513.5	535
600	610	630	755	705	26	20	M24	36	616.5	636
700	711	720	860	810	26	24	M24	36	715	724
800	813	820	975	920	30	24	M27	38	817	824
900	914	920	1075	1020	30	24	M27	40	918	924
1000	1016	1020	1175	1120	30	28	M27	42	1020	1024
1200	1219	1220	1375	1320	32	32	M27	44	1223	1224
1400	1422	1420	1575	1520	30	36	M27	48	1426	1424
1600	1626	1620	1790	1730	30	40	M27	51	1630	1624
1800	1829	1820	1990	1930	30	44	M27	54	1833	1824
2000	2032	2020	2190	2130	30	48	M27	58	2036	2024

附表 4-6　*PN*1.0MPa（10bar）板式平焊钢制管法兰　　　　　　　　mm

公称直径 DN	管子外径 A_1		连接尺寸					法兰厚度 C	法兰内径 B_1	
			法兰外径 D	螺栓孔中心圆直径 K	螺栓孔直径 L	螺栓孔数量 n	螺纹 Th			
	A	B							A	B
10	17.2	14	90	60	14	4	M12	14	18	15
15	21.3	18	95	65	14	4	M12	14	22	19
20	26.9	25	105	75	14	4	M12	16	27.5	26
25	33.7	32	115	85	14	4	M12	16	34.5	33
32	42.4	38	140	100	18	4	M13	18	43.5	39

续表

公称直径 DN	管子外径 A_1		连接尺寸					法兰厚度 C	法兰内径 B_1	
			法兰外径 D	螺栓孔中心圆直径 K	螺栓孔直径 L	螺栓孔数量 n	螺纹 Th			
	A	B							A	B
40	48.3	45	150	110	18	4	M16	18	49.5	46
50	60.3	57	165	125	18	4	M16	20	61.5	59
65	76.1	76	185	145	18	4	M16	20	77.5	78
80	88.9	89	200	160	18	8	M16	20	90.5	91
100	114.3	108	220	180	18	8	M16	22	116	110
125	139.7	133	250	210	18	8	M16	22	141.5	135
150	168.3	159	285	240	22	8	M20	24	170.5	161
200	219.1	219	340	295	22	8	M20	24	221.5	222
250	273	273	395	350	22	12	M20	26	276.5	276
300	323.9	325	445	400	22	12	M20	28	327.5	328
350	355.6	377	505	460	22	16	M20	30	359.5	381
400	406.4	426	565	515	26	16	M24	32	411	430
450	457	480	615	565	26	20	M24	35	462	485
500	508	530	670	620	26	20	M24	38	513.5	535
600	610	630	780	725	30	20	M27	42	616.5	636

五、压力容器甲型平焊法兰（摘自 JB/T 4701—2000）

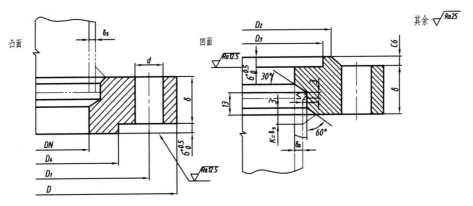

附表 4-7　甲型平焊法兰系列尺寸　　　　　　mm

公称直径 DN	法　兰							螺　柱	
	D	D_1	D_2	D_3	D_4	δ	d	规格	数量
	PN = 0.25MPa								
700	815	780	750	740	737	36	18	M16	28
800	915	880	850	840	837	36	18	M16	32
900	1015	980	950	940	937	40	18	M16	36
1000	1130	1090	1055	1045	1042	40	23	M20	32
1100	1230	1190	1155	1141	1138	40	23	M20	32
1200	1330	1290	1255	1241	1238	44	23	M20	36
1300	1430	1390	1355	1341	1338	46	23	M20	40

续表

公称直径	法 兰							螺 柱	
DN	D	D_1	D_2	D_3	D_4	δ	d	规格	数量
PN=0.25MPa									
1400	1530	1490	1455	1441	1438	46	23	M20	40
1500	1630	1590	1555	1541	1538	48	23	M20	44
1600	1730	1690	1655	1641	1638	50	23	M20	48
1700	1830	1790	1755	1741	1738	52	23	M20	52
1800	1930	1890	1855	1841	1838	56	23	M20	52
1900	2030	1990	1955	1941	1938	56	23	M20	56
2000	2130	2090	2055	2041	2038	60	23	M20	60
PN=0.60MPa									
450	565	530	500	490	487	30	18	M16	20
500	615	580	550	540	537	30	18	M16	20
550	665	630	600	590	587	32	18	M16	24
600	715	680	650	640	637	32	18	M16	24
650	765	730	700	690	687	36	18	M16	28
PN=0.60MPa									
700	700	700	700	700	700	700	700	700	700
800	800	800	800	800	800	800	800	800	800
900	900	900	900	900	900	900	900	900	900
1000	1000	1000	1000	1000	1000	1000	1000	1000	1000
1100	1100	1100	1100	1100	1100	1100	1100	1100	1100
1200	1200	1200	1200	1200	1200	1200	1200	1200	1200
PN=1.0MPa									
300	300	300	300	300	300	300	300	300	300
350	350	350	350	350	350	350	350	350	350
400	400	400	400	400	400	400	400	400	400
450	450	450	450	450	450	450	450	450	450
500	500	500	500	500	500	500	500	500	500
550	550	550	550	550	550	550	550	550	550

六、耳式支座 (摘自 JB/T 4712.3—2007)

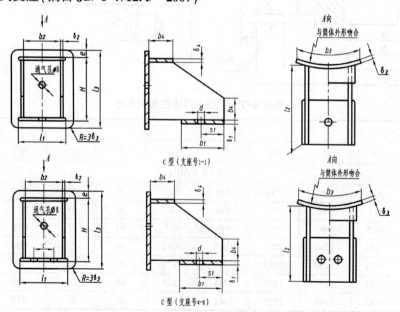

C 型 (支座号1~3)

C 型 (支座号4~8)

附表 4 - 8　耳式支座尺寸

mm

支座号	支座允许载荷[Q]/kN Q235A 0Cr18Ni9	支座允许载荷[Q]/kN 16MnR 15CrMoR	适用容器 公称直径 DN	高度 H	底板 L₁	底板 b₁	底板 δ₁	底板 S₁	底板 c	筋板 L₂	筋板 b₂	筋板 δ₂	垫板 L₃	垫板 B₃	垫板 δ₃	垫板 e	盖板 B₄	盖板 δ₄	地脚螺栓 d	地脚螺栓 规格	支座质量/kg
1	30	40	300~600	200	130	80	8	40		250	80	6	260	170	6	30	50	8	24	M20	6.2
2	45	55	500~1000	250	160	80	12	40		280	100	6	310	210	6	30	50	10	30	M24	9.0
3	65	85	700~1400	300	200	105	14	50		300	130	8	370	260	8	35	50	12	30	M24	16.1
4	120	150	1000~2000	360	250	140	18	70	90	390	170	10	430	320	8	35	70	12	30	M24	28.9
5	170	210	1300~2600	430	300	180	22	90	120	430	210	12	510	380	10	40	70	14	30	M24	47.8
6	220	270	1500~3000	480	360	230	24	115	160	480	260	14	570	450	14	45	100	14	36	M30	74.8
7	280	330	1700~34000	540	440	280	28	130	200	530	310	16	630	540	14	45	100	16	36	M30	114.6
8	340	400	2000~4000	650	540	360	30	140	280	600	400	18	750	650	16	50	100	18	36	M30	181.3

注：表中支座质量是以表中的垫板厚度 δ_3 为计算的，如果 δ_3 的厚度改变，则支座的质量应相应的改变。

七、鞍式支座(摘自 JB/T 4712. 1—2007)

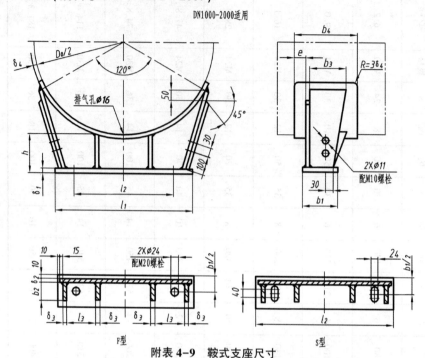

F型　　　　　　　　S型

附表 4-9　鞍式支座尺寸

mm

公称直径 DN	允许载荷 [Q]/ kN	鞍座高度 h	底板			腹板 δ₂	筋板				垫板				螺栓间距 l₂	鞍座质量/ kg	增加 100m 高度增加的质量/ kg
			l_1	b_1	δ_1	δ_2	l_3	b_2	b_3	δ_3	弧长	b_4	δ_4	e	l_2		
1000	140		780				170				1180				600	47	7
1100	145		820			6	185				1290	320	6	55	660	51	7
1200	145	200	880	170	10		200	140	200	6	1410				720	56	7
1300	155		940				215				1520	350			780	74	9
1400	160		1000				230				1640				840	80	9
1500	270		1060			8	240				1760	390	8	70	900	109	12
1600	275		1120	200			255	170	240		1870				960	116	12
1700	275	250	1200			12	275			8	1990				1040	122	12
1800	295		1280				295				2100	430			1120	162	16
1900	295		1360	220		10	315	190	260		2220		10	80	1200	171	16
2000	300		1420				330				2330				1260	160	17

八、补强圈(摘自 JB/T 4736—2002)

各种坡口型式的适用条件：A 型适用于壳体为内坡口的填角焊结构；B 型适用于壳体为内坡口的局部焊透结构；C 型适用于壳体为外坡口的全部焊透结构；D 型适用于壳体为内坡口的全焊透结构；E 型适用于壳体为内坡口的全焊透结构。

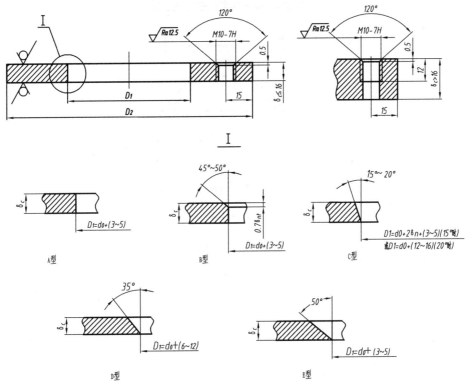

附表 4-10　补强圈尺寸系列

接管公称直径	外径	内径	厚度/mm													
			4	6	8	10	12	14	16	18	20	22	24	26	28	30
尺寸/mm			质量/kg													
50	130	按图中的型式确定	0.32	0.48	0.64	0.80	0.96	1.12	1.28	1.43	1.59	1.75	1.91	2.07	2.23	2.57
65	160		0.47	0.71	0.95	1.18	1.42	1.66	1.89	2.13	2.37	2.60	2.84	3.08	3.31	3.55
80	180		0.59	0.88	1.17	1.46	1.75	2.04	2.34	2.63	2.92	3.22	3.51	3.81	4.10	4.38
100	200		0.68	1.02	1.35	1.69	2.03	2.37	2.71	3.05	3.38	3.72	4.06	4.40	4.74	5.08
125	250		1.08	1.62	2.16	2.70	3.24	3.77	4.31	4.85	5.39	5.93	6.47	7.01	7.55	8.09
150	300		1.56	2.35	3.13	3.91	4.69	5.48	6.26	7.04	7.82	8.60	9.38	10.2	10.9	11.7
175	350		2.23	3.34	4.46	5.57	6.69	7.80	8.92	10.0	11.1	12.3	13.4	14.5	15.6	16.6
200	400		2.27	4.08	5.44	6.80	8.16	9.52	10.9	12.2	13.6	14.9	16.3	17.7	19.0	20.4
225	440		3.24	4.87	6.49	8.11	9.74	11.4	13.0	14.6	16.2	17.8	19.5	21.1	22.7	24.3
250	480		3.79	5.68	7.58	9.47	11.4	13.3	15.2	17.0	18.9	20.8	22.7	24.6	26.5	28.4
300	550		4.79	7.18	9.58	12.0	14.4	16.8	19.2	21.6	24.0	26.3	28.7	31.1	33.5	36.0
350	620		5.90	8.85	11.8	14.8	17.7	20.6	23.6	26.6	29.5	32.4	35.4	38.3	41.3	44.2
400	680		6.84	10.3	13.7	17.1	20.5	24.0	27.4	31.0	34.2	37.6	41.0	44.5	48.0	51.4
·450	760		8.47	12.7	16.9	21.2	25.4	29.6	33.9	38.1	42.3	46.5	50.8	55.0	59.2	63.5
500	840		10.4	15.6	20.7	25.9	31.1	36.3	41.5	46.7	51.8	57.0	62.2	67.4	72.5	77.7
600	980		13.8	20.6	27.5	34.4	41.3	48.2	55.1	62.0	68.9	75.7	82.6	89.5	96.4	103.3

注：(1) 内径 D_i 为补强圈成形后的尺寸。
　　(2) 表中质量为 A 型补强圈按接管公称直径计算所得的值。

九、人孔型式、基本参数和尺寸

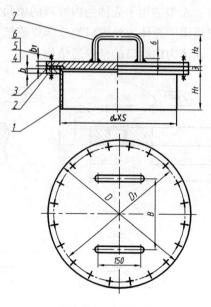

附表 4-11　明细表

序　号	标准号	名　　称	数　量	材　　料
1		筒节	1	不锈钢
2		法兰	1	不锈钢
3		盖	1	不锈钢
4	GB 5781	螺母	见数据表	4.6 级
5	GB 41	螺母	见数据表	5 级
6		垫片 δ=3	1	橡胶板
7		把手	2	Q235-A·F

注：垫片的材料允许改变，但应在容器装配图中注明。

附表 4-12　工作温度下的最高无冲击工作压力

公称压力 PN/MPa	工作温度/℃
	0~100
	最高无冲击工作压力/MPa
常压	≤0.07

附表 4-13　人孔数据表

公称直径	尺寸/mm								螺栓		质量/kg		
DN/mm	$d_w×S$	b	b_1	D	D_1	H_1	H_2	B	直径×长度	数量	碳钢	不锈钢	总质量
450	480×4	14	10	570	535	160	90	250	M16×50	20	3.86	37.3	42
500	530×4	14	10	620	585	160	90	300	M16×50	20	3.86	44.3	49
600	630×4	16	12	720	685	180	92	300	M16×55	24	4.54	65	70

注：人孔高度 H_1 如有特殊要求允许改变，但应注明改变后 H_1 尺寸，并修改人孔的不锈钢质量及总质量。

十、手孔型式、基本参数和尺寸

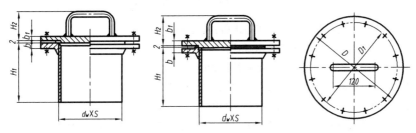

附表 4-14 手孔数据表

密封面型式	公称压力 PN/MPa	公称直径 DN/mm	尺寸/mm							螺栓(螺柱)		螺母数量	质量/kg		
			$d_w \times S$	D	D_1	b	b_1	H_1	H_2	直径×长度	数量		碳钢	不锈钢	总质量
突面 RF	0.6	150	159×4	265	225	23	22	160	88	M16×70	8	8	15	3.5	19
		250	273×4	375	335	27	26	190	92	M16×80	12	12	31.5	7.7	39
	1.0	150	159×4.5	285	240	28	26	160	92	(M20×105)	8	16	23.3	4	28
		250	273×6	395	350	30	28	190	94	(M20×110)	12	24	42	10.5	53
	1.6	150	159×4.5	285	240	28	26	170	93	(M20×105)	8	16	23.3	4.2	28
		250	273×6	405	355	30	28	200	94	(M20×120)	12	24	46	10	57
凹凸面 MFM	1.0	150	159×4.5	285	240	32	29.5	160	95.5	(M20×110)	8	16	23.4	6	30
		250	273×6	395	350	34	31.5	190	97.5	(M20×115)	12	24	42	14.6	57
	1.6	150	159×4.5	285	240	32	29.5	170	95.5	(M20×110)	8	16	23.4	6.2	30
		250	273×6	405	355	34	31.5	200	97.5	(M20×120)	12	24	46	15	61
突面 RF	2.5	150	159×6	300	250	32	30	108	96	(M24×120)	8	16	31.3	5.4	37
		250	273×6	425	370	36	34	210	100	(M27×130)	12	24	64.8	11.7	77
	4.0	150	159×6	300	250	32	30	190	96	(M24×120)	8	16	31.4	5.6	37
凹凸面 MFM	2.5	150	159×6	300	250	36	33.5	180	99.5	(M24×125)	8	16	31.4	7.6	39
		250	273×6	425	370	40	37.5	210	103.5	(M27×140)	12	24	65.2	16.3	82
	4.0	150	159×6	300	250	36	33.5	190	99.5	(M27×130)	8	16	32.5	7.9	40

注：手孔高度 H_1 尺寸可以改变，但应注明改变后的 H_1 尺寸并修改手孔的不锈钢质量及总质量。

参 考 文 献

1　胡忆沩等．实用铆工手册．北京：化学工业出版社，2011

2　何明新等．机械制图．北京：高等教育出版社，2012

3　赵惠清等．化工制图．北京：化学工业出版社，2010

4　严竹生．化工制图．上海：上海交通大学出版社，2005

5　熊洁羽．化工制图．北京：化学工业出版社，2010

6　贺匡国．化工容器及设备简明设计手册(第二版)．北京：化学工业出版社，2002

7　全国技术产品文件标准化技术委员会，中国标准出版社编．技术产品文件标准汇编-CAD卷．北京：中国标准出版社，2002